"十三五"国家重点出版物出版规划项目

卓越工程能力培养与工程教育专业认证系列规划教材
（电气工程及其自动化、自动化专业）

电磁兼容设计与应用

主编　陈　洁

参编　李　斌

机械工业出版社

电磁兼容是一门系统的学科，研究它需要具备多方面知识，对于入门的初学者极具挑战性。

本书以电磁兼容技术的原理设计为基础，从实际出发，对电磁兼容涉及的基本知识进行详细介绍，包括电路器件选型、电磁干扰的产生和电磁兼容的实现技术，并介绍电磁兼容的一系列设计原理以及如何进行仿真设计。

本书可作为高等院校电气工程及其自动化、自动化、测控技术与仪器等专业的教学用书，也适合电子电气行业的研发、设计、制造、管理、维修等人员使用，同时可供科研机构、工程项目、检测机构等专业技术人员参考。

图书在版编目（CIP）数据

电磁兼容设计与应用/陈洁主编 . —北京：机械工业出版社，2021.8
（2023.1 重印）

"十三五"国家重点出版物出版规划项目　卓越工程能力培养与工程教育专业认证系列规划教材 . 电气工程及其自动化、自动化专业

ISBN 978-7-111-68620-0

Ⅰ. ①电… Ⅱ. ①陈… Ⅲ. ①电磁兼容性-高等学校-教材 Ⅳ. ①TN03

中国版本图书馆 CIP 数据核字（2021）第 133252 号

机械工业出版社（北京市百万庄大街 22 号　邮政编码 100037）
策划编辑：王雅新　责任编辑：王雅新　王　荣
责任校对：王　延　责任印制：郜　敏
北京富资园科技发展有限公司印刷
2023 年 1 月第 1 版第 2 次印刷
184mm×260mm · 10 印张 · 246 千字
标准书号：ISBN 978-7-111-68620-0
定价：35.00 元

电话服务　　　　　　　　　网络服务
客服电话：010-88361066　　机　工　官　网：www.cmpbook.com
　　　　　010-88379833　　机　工　官　博：weibo.com/cmp1952
　　　　　010-68326294　　金　书　网：www.golden-book.com
封底无防伪标均为盗版　　　机工教育服务网：www.cmpedu.com

序

工程教育在我国高等教育中占有重要地位，高素质工程科技人才是支撑产业转型升级、实施国家重大发展战略的重要保障。当前，世界范围内新一轮科技革命和产业变革加速进行，以新技术、新业态、新产业、新模式为特点的新经济蓬勃发展，迫切需要培养、造就一大批多样化、创新型卓越工程科技人才。目前，我国高等工程教育规模世界第一。我国工科本科在校生约占我国本科在校生总数的1/3。近年来我国每年工科本科毕业生占世界总数的1/3以上。如何保证和提高高等工程教育质量，如何适应国家战略需求和企业需要，一直受到教育界、工程界和社会各方面的关注。多年以来，我国一直致力于提高高等教育的质量，组织并实施了多项重大工程，包括卓越工程师教育培养计划（以下简称卓越计划）、工程教育专业认证和新工科建设等。

卓越计划的主要任务是探索建立高校与行业企业联合培养人才的新机制，创新工程教育人才培养模式，建设高水平工程教育教师队伍，扩大工程教育的对外开放。计划实施以来，各相关部门建立了协同育人机制。卓越计划要求试点专业要大力改革课程体系和教学形式，依据卓越计划培养标准，遵循工程的集成与创新特征，以强化工程实践能力、工程设计能力与工程创新能力为核心，重构课程体系和教学内容，加强跨专业、跨学科的复合型人才培养，着力推动基于问题的学习、基于项目的学习、基于案例的学习等多种研究性学习方法，加强学生创新能力训练，"真刀真枪"做毕业设计。卓越计划实施以来，培养了一批获得行业认可、具备很好的国际视野和创新能力、适应经济社会发展需要的各类型高质量人才，教育培养模式改革创新取得突破，教师队伍建设初见成效，为卓越计划的后续实施和最终目标的达成奠定了坚实基础。各高校以卓越计划为突破口，逐渐形成各具特色的人才培养模式。

2016年6月2日，我国正式成为工程教育"华盛顿协议"第18个成员，标志着我国工程教育真正融入世界工程教育，人才培养质量开始与其他成员达到了实质等效，同时，也为以后我国参加国际工程师认证奠定了基础，为我国工程师走向世界创造了条件。专业认证把以学生为中心、以产出为导向和持续改进作为三大基本理念，与传统的内容驱动、重视投入的教育形成了鲜明对比，是一种教育范式的革新。通过专业认证，把先进的教育理念引入我国工程教育，有力地推动了我国工程教育专业教学改革，逐步引导我国高等工程教育实现从以教师为中心向以学生为中心转变、从以课程为导向向以产出为导向转变、从质量监控向持续改进转变。

在实施卓越计划和开展工程教育专业认证的过程中，许多高校的电气工程及其自动化、自动化专业结合自身的办学特色，引入先进的教育理念，在专业建设、人才培养模式、教学内容、教学方法、课程建设等方面积极开展教学改革，取得了较好的效果，建设了一大批优质课程。为了将这些优秀的教学改革经验和教学内容推广给广大高校，中国工程教育专业认证协会电子信息与电气工程类专业认证分委员会、教育部高等学校电气类专业教学指导委员会、教育部高等学校自动化类专业教学指导委员会、中国机械工业教育协会自动化学科教学委员会、中国机械工业教育协会电气工程及其自动化学科教学委员会联合组织规划了"卓越工程能力培养与工程教育专业认证系列规划教材（电气工程及其自动化、自动化专业）"。本套教材通过国家新闻出版广电总局的评审，入选了"十三五"国家重点图书。本套教材密切联系行业和市场需求，以学生工程能力培养为主线，以教育培养优秀工程师为目标，突出学生工程理念、工程思维和工程能力的培养。本套教材在广泛吸纳相关学校在"卓越工程师教育培养计划"实施和工程教育专业认证过程中的经验和成果的基础上，针对目前同类教材存在的内容滞后、与工程脱节等问题，紧密结合工程应用和行业企业需求，突出实际工程案例，强化学生工程能力的教育培养，积极进行教材内容、结构、体系和展现形式的改革。

经过全体教材编审委员会委员和编者的努力，本套教材陆续跟读者见面了。由于时间紧迫，各校相关专业教学改革推进的程度不同，本套教材还存在许多问题。希望各位老师对本套教材多提宝贵意见，以使教材内容不断完善提高。也希望通过本套教材在高校的推广使用，促进我国高等工程教育教学质量的提高，为实现高等教育的内涵式发展贡献一份力量。

卓越工程能力培养与工程教育专业认证系列规划教材
（电气工程及其自动化、自动化专业）
编审委员会

前　言

电磁兼容（EMC）是指设备或系统在其电磁环境中既能满足其功能要求又不会对在该环境中的任何事物带来不可忽视的电磁干扰的能力。

电磁干扰最早于 19 世纪被人们发现，与电磁效应的发现几乎在同一时间。它的表现形式为传输电报时两根信号线间存在串扰现象。1881 年，英国科学家 Heaviside 发表了一篇主题为电磁干扰的文章，这是电磁干扰问题第一次被正式提出，但当时这种干扰尚未引起人们的注意。

近年来，随着通信、导航、雷达、遥测遥控及计算机领域的迅猛发展，电磁能使人们的生活焕然一新，然而电磁干扰问题越来越成为电子设备或系统中的一个严重问题，电磁兼容已引起许多技术人员和管理人员的重视。

1) 电子设备的密集度已成为衡量现代化程度的一个重要指标，大量的电子设备在同一电磁环境中工作，电磁干扰的问题呈现出前所未有的严重性。

2) 现代电子产品的一个主要特征是数字化，微处理器的应用十分普遍，而这些数字电路在工作时会产生很强的电磁干扰发射，不仅使产品不能通过有关的电磁兼容标准测试，甚至连自身的稳定工作都不能保证。

3) 电磁兼容标准的强制执行使电子产品必须满足电磁兼容标准的要求。

4) 电磁兼容标准已成为西方发达国家限制进口产品的一道坚固的技术壁垒。加入 WTO 以后，这种技术壁垒对我国相关产品的出口障碍更大。

自 21 世纪以来，数据库技术、媒体开发技术和其他先进的计算机技术得到了迅速发展，这为研究 EMC 分析、预测和计算模型集成技术提供了有力的工具。国外已经开发出了专门的 EMC 知识库系统和数据分析系统，并且通过对电子电路 CAD 设计文件的分析可以直接为电磁兼容提供相关的设计建议。目前，美国开发的 IEMCAP 系统已经可以同时处理多达 200 个以上的干扰源和干扰接收器，并且可以分析和评估飞机、航天器、导弹、地面系统等复杂系统内部和彼此之间的电磁兼容性。

我国在电磁兼容标准方面的起步虽然较晚，但发展很快。近年来，中国主要的电磁兼容研究机构加大了对电磁兼容软件工具的开发力度，做了很多建模工作，还编写了很多算法程序。这些电磁兼容软件工具的开发为国内电磁兼容后续工作的开发做了很多有益的工作。但是，我国开发的电磁兼容分析工具功能较为单一，不能用于整个系统和系统间的 EMC 分析和预测，因此并不能满足应用中的实际设计要求。到目前为止，在构建 EMC 技术支持专家系统的研究上始终没有实际的突破性进展。建立 EMC 技术支持专家系统最需要的就是 EMC 的基础知识库系统（包括 EMC 的基本计算模型库，EMC/EMI 分析和预测，EMC/EMI 设计规则），其研究工作尚未有效地开展起来。

目前，国内有关电磁兼容方面的书籍很多，这些书籍各有特色，广泛阅读这些书籍无疑能极大地丰富电磁兼容方面的知识，培养综合运用知识的能力。但是，国内的这些关于电磁兼容的书籍都存在一个缺陷，那就是设计与测试脱节，有的书籍只是生搬硬套了电磁兼容标准，而有的则讲解了一大堆理论公式，使读者望而却步。

　　电磁兼容是一门系统的学科，研究它需要具备多方面知识，对于入门的初学者极具挑战性，本书以全面、简明的方式阐述电磁兼容为宗旨，从电磁兼容的原理、选型、设计、仿真等几个方面进行详细阐述。

　　全书共分为 8 章。第 1 章主要介绍电磁兼容技术的发展历程与现状、电磁兼容的研究目的、电磁兼容的基本概念以及电磁兼容标准与测试。第 2 章重点介绍电容器、电感器、电阻器、导线这些无源器件的等效电路、频率特性及分类，并且对作为电路核心部分的有源器件的分类、特性、选型、噪声等方面进行详细讲解，使读者在电路设计上有一个大概的认知。第 3 章对接地设计的概念、分类、安全设计、信号接地和屏蔽接地的设计方法进行讲解，体现了接地设计的重要性。第 4 章从屏蔽原理、屏蔽分类、屏蔽效能、传输理论、屏蔽材料、屏蔽结构设计等方面全面、系统地阐述电磁屏蔽设计。通过此部分的学习有利于读者更好地了解和设计电磁屏蔽。第 5 章按照滤波特性、滤波器分类、高低通滤波器、电磁干扰（EMI）滤波器、电源线滤波器、EMI 信号滤波器、滤波器的实现选择及安装这样的顺序由表及内地介绍如何正确地设计、选择和使用滤波器，这是抑制传导干扰中不可或缺的一部分。第 6 章对电快速瞬变脉冲群（EFT）试验和抑制方法、雷击浪涌的危害和防护、静电放电对电子产品的影响、防静电设计试验、瞬态干扰抑制器等方面进行详细介绍。第 7 章系统地从印制电路板（PCB）概述、设计流程、加工流程到印制电路板 EMC 设计和其他设计对印制电路板进行深入讲解。第 8 章对 EMC 仿真软件进行详细的划分和介绍，包括 EMC 理论基础、主要设计软件、PCB 和集成电路（IC）设计软件、主要的器件生产商以及对应的开发工具等，列举了一些电磁兼容仿真的实例，使读者对电磁兼容有更深一步的认识。

　　由于编者水平有限，错误之处在所难免，欢迎广大读者批评指正。

编　者

目　录

序
前言
第1章　绪论 ·················· 1
1.1　电磁兼容学科背景 ············ 1
1.1.1　电磁兼容技术的发展历程 ····· 1
1.1.2　我国EMC技术的发展现状 ···· 2
1.1.3　EMC技术的发展趋势以及面临的
挑战 ················ 3
1.2　电磁兼容研究目的 ············ 3
1.3　电磁兼容的概念及要素 ········· 4
1.3.1　电磁兼容的基本概念 ······· 4
1.3.2　电磁兼容三要素 ·········· 5
1.4　电磁兼容标准 ·············· 8
1.5　电磁兼容测试 ·············· 9
第2章　无源器件及有源器件的选型 ···· 10
2.1　无源器件的特性 ············· 10
2.2　电容器 ················· 11
2.2.1　等效电路 ············· 11
2.2.2　频率特性和分类 ········· 11
2.2.3　电容的并联 ············ 13
2.2.4　电容的失效模式 ········· 14
2.3　电感器 ················· 14
2.3.1　等效电路 ············· 14
2.3.2　分类和特性 ············ 14
2.3.3　变压器 ·············· 15
2.4　电阻器 ················· 15
2.4.1　等效电路和特性 ········· 15
2.4.2　电阻器的噪声 ··········· 16
2.5　导线 ·················· 16
2.5.1　等效电路和特性 ········· 16
2.5.2　高频下的趋肤效应 ········ 17
2.6　有源器件 ················ 17
2.7　有源器件的选型 ············· 18
2.7.1　电磁敏感度特性 ········· 19
2.7.2　干扰发射特性 ··········· 20
2.7.3　ΔI噪声电流和瞬态负载电流 ·· 21
2.8　有源器件的噪声系数 ·········· 23
第3章　接地设计 ·············· 25
3.1　接地简介 ················ 25

3.1.1　接地的概念 ············ 25
3.1.2　接地的分类 ············ 25
3.2　安全接地 ················ 25
3.2.1　设备机壳接地 ··········· 25
3.2.2　防雷接地 ············· 26
3.2.3　安全接地的有效性 ········ 27
3.3　信号接地 ················ 30
3.3.1　悬浮接地 ············· 32
3.3.2　单点接地 ············· 33
3.3.3　多点接地 ············· 34
3.3.4　混合接地 ············· 36
3.4　屏蔽体接地 ··············· 36
3.4.1　电缆屏蔽层的接地 ········ 36
3.4.2　电路屏蔽盒的接地 ········ 39
3.4.3　飞行器系统的接地 ········ 40
3.5　地回路干扰及抑制 ··········· 42
3.5.1　地电流与地电压的形成 ····· 42
3.5.2　隔离变压器 ············ 43
3.5.3　纵向扼流圈 ············ 44
3.5.4　光电耦合器 ············ 45
3.5.5　差分平衡电路 ··········· 46
3.6　搭接技术 ················ 47
3.6.1　搭接的概念与基本准则 ····· 47
3.6.2　搭接的方法 ············ 49
3.6.3　搭接的类型 ············ 49
3.6.4　搭接的有效性测试 ········ 50
3.6.5　搭接的实施 ············ 50
第4章　屏蔽设计 ·············· 53
4.1　屏蔽原理 ················ 53
4.1.1　屏蔽的分类 ············ 53
4.1.2　电场屏蔽原理 ··········· 53
4.1.3　磁场屏蔽原理 ··········· 55
4.1.4　电磁屏蔽原理 ··········· 57
4.2　屏蔽效能和屏蔽理论 ·········· 58
4.2.1　屏蔽效能的表示 ········· 58
4.2.2　屏蔽的传输理论 ········· 58
4.2.3　屏蔽效能的计算 ········· 60
4.2.4　低频磁场的屏蔽方法 ······ 65
4.3　屏蔽材料 ················ 66

4.3.1　导电材料 ·················· 66

4.3.2　导磁材料 ·················· 67

4.3.3　薄膜材料与薄膜屏蔽 ····· 68

4.3.4　导电胶与导磁胶 ·········· 69

4.4　屏蔽体的结构 ·················· 70

4.4.1　电屏蔽的结构 ·············· 70

4.4.2　磁屏蔽的结构 ·············· 72

4.4.3　电磁屏蔽的结构 ·········· 73

4.5　屏蔽体的设计 ·················· 74

4.5.1　屏蔽体的设计原则 ········ 74

4.5.2　屏蔽体设计中的处理方法 ··· 74

第5章　滤波设计 ·················· 77

5.1　滤波原理 ······················ 77

5.1.1　滤波的特性 ················· 77

5.1.2　滤波器的分类 ·············· 79

5.2　反射式滤波器 ·················· 80

5.2.1　低通滤波器 ················· 80

5.2.2　高通滤波器 ················· 82

5.2.3　带通滤波器与带阻滤波器 ··· 82

5.3　电磁干扰滤波器 ··············· 82

5.3.1　电磁干扰滤波器的特点 ····· 82

5.3.2　电磁干扰滤波器的基本电路
　　　结构 ························ 83

5.3.3　电磁干扰滤波器的阻抗匹配问题 ··· 83

5.4　电源线滤波器 ·················· 84

5.4.1　共模干扰和差模干扰 ······· 84

5.4.2　电源线滤波器的网络结构 ··· 85

5.5　EMI 信号滤波器 ··············· 87

5.6　滤波器的实现 ·················· 87

5.6.1　电容器的实现 ·············· 88

5.6.2　电感器的实现 ·············· 89

5.7　滤波器的选择与安装 ·········· 90

5.7.1　滤波器的选择 ·············· 90

5.7.2　滤波器的安装 ·············· 91

第6章　瞬态抗扰度 ············· 92

6.1　抗扰度试验性能判据 ·········· 92

6.2　电快速瞬变脉冲群 ············ 92

6.2.1　对 EFT 的说明 ············· 93

6.2.2　受试设备不能通过 EFT 试验
　　　的原因 ····················· 94

6.2.3　抑制 EFT 的方法 ·········· 96

6.3　雷击浪涌 ······················ 96

6.3.1　全球雷击的一些数字 ······· 96

6.3.2　雷害形式——直击雷与感应雷 ····· 97

6.3.3　雷害带来的后果 ············ 97

6.3.4　雷击与瞬变脉冲电压 ······· 97

6.3.5　雷害的防护 ················· 99

6.4　静电放电产生的电磁干扰 ····· 100

6.4.1　ESD 对电子设备的影响 ····· 100

6.4.2　静电防护 ···················· 101

6.4.3　静电安全区 ·················· 101

6.4.4　抗静电材料 ·················· 102

6.4.5　减小 ESD 影响的设计导则 ··· 103

6.4.6　附加保护措施 ··············· 104

6.4.7　静电放电试验 ··············· 105

6.5　瞬态干扰抑制器 ··············· 105

6.5.1　避雷管 ······················ 105

6.5.2　压敏电阻器 ·················· 106

6.5.3　瞬态电压抑制器 ············ 106

6.5.4　高清多媒体接口（HDMI）
　　　的 ESD 保护设计 ·········· 107

6.5.5　USB 端口的 ESD 防护 ····· 108

6.5.6　多级组合保护电磁兼容
　　　设计准则 ··················· 108

6.5.7　多级组合保护电路原理 ····· 108

6.5.8　嵌入式机器人控制 ········· 109

第7章　印制电路板的电磁兼容设计 ··· 117

7.1　印制电路板概述 ··············· 117

7.2　印制电路板的设计 ············ 118

7.2.1　印制电路板的总体设计流程 ··· 118

7.2.2　原理图的设计流程 ········· 119

7.2.3　印制电路板的设计流程 ····· 121

7.3　印制电路板的加工流程 ······· 123

7.4　印制电路板的 EMC 设计 ····· 127

7.4.1　印制电路板布线基本原则 ······· 127

7.4.2　印制电路板的层叠设计 ····· 128

7.4.3　印制电路板的接地设计原则 ··· 131

7.4.4　印制电路板的电源线设计原则 ··· 131

7.4.5　印制电路板的元器件设计原则 ··· 131

7.4.6　印制电路板的去耦电容布置
　　　原则 ························ 132

7.5　印制电路板的其他设计原则 ··· 133

7.5.1　印制电路板的抗振设计原则 ····· 133

7.5.2　印制电路板的热设计原则 ······· 133

IX

7.5.3 印制电路板的可测试性设计
原则 …………………… 134

第8章 电磁兼容仿真设计 ………… 136

8.1 EMC 仿真软件的理论基础 ………… 136

8.2 目前流行的 EMC 仿真软件 …………… 136

8.3 EDA 常用软件 ………… 139

8.3.1 电子电路设计与仿真工具 ……… 139

8.3.2 PCB 设计软件 …………… 140

8.3.3 IC 设计软件 ……………… 141

8.3.4 PLD 设计工具 ……………… 142

8.3.5 主要器件生产厂家和开发工具 … 142

8.3.6 其他 EDA 软件 ……………… 143

8.4 电磁兼容仿真实例 …………… 143

8.4.1 高铁动车组电磁兼容仿真技术 … 143

8.4.2 弹上线束电磁兼容仿真技术 …… 146

参考文献 …………………… 150

第 1 章

绪论

1.1 电磁兼容学科背景

1.1.1 电磁兼容技术的发展历程

电磁干扰最早于 19 世纪被人们发现，其表现为传输电报时两根信号线间的串扰现象。1881 年，英国科学家 Heaviside 发表了一篇主题为电磁干扰的文章，这是电磁干扰问题第一次被正式提出，但当时这种干扰尚未引起人们的注意。

随着电力运输量的不断增加，通信线路与非对称强电线路之间并联运行的时间也随之越来越长，电磁干扰问题开始逐渐影响人们的工作与生活。柏林电气协会为应对此干扰问题，在 19 世纪末期成立了"全部干扰问题委员会"。

人们怀疑却又期待已久的电磁波在 1888 年被德国物理学家赫兹所证实，同时，他也首次证明了各种系统在产生电磁波的同时会向外界发射电磁干扰，从此便开始了对电磁干扰真正意义上的研究。1889 年，英国邮电部开始着手处理通信干扰问题，美国《电气世界》杂志发表了一篇关于会引起干扰问题的电磁现象的文章。20 世纪初，越来越多的研究机构和学者对电磁感应的影响进行了深入研究，并进一步研究了电感、电容等耦合方式引起的干扰。

1945 年开始，美国颁发了一系列与电磁兼容性相关的军事标准和设计规范，并在随后的几年中不断对其进行了改进和完善。1948 年，苏联制定了《工业无线电干扰的极限允许值标准》。在这以后，越来越多的电气相关研究单位开始从事抗干扰研究。

自 1960 年以来，随着现代科学技术的发展，电子信息技术的频率、速度、灵敏度、集成度和可靠性越来越高。科学技术的应用在当时社会几乎无处不见，计算机的出现和迅速普及让信息对整个社会产生了重要的影响，人类也逐渐进入了信息时代。而另一方面，信息时代的来临带来的负面影响之一就是电磁干扰给人类带来的危害日益严重。当时电磁兼容（EMC）技术面临着巨大的困难和挑战，这也推动了 EMC 技术的发展。

到 20 世纪 80 年代，EMC 已成为非常活跃、成熟的学科领域。许多国家（美国、德国、英国、法国、日本等）在 EMC 的测量与设计、分析与预测、规范与标准以及管理方面都达到了很高的水平。在电磁抗干扰技术上，理论和实际处理方法都在不断改进，并开发出了许多新的抗干扰材料和装置。他们能够自主开发精度较高的全自动电磁干扰（EMI）和电磁敏感度（EMS）测量系统，能够在各种不同的系统中以及系统间进行应用，编制了一系列系统内部和系统之间的各种 EMC 计算机分析程序。值得一提的是，一些发达国家还建立了专门的机构，用于军用设备和民用产品的 EMC 检查和管理，没有达到其 EMC 标准要求的产品和设备无法安装甚至无法进入其市场，从而也达到了在国际贸易中建立技术壁垒的目标。

自 21 世纪以来，数据库技术、媒体开发技术和其他先进的计算机技术得到了迅速发展，这为研究 EMC 分析、预测和计算模型集成技术提供了有力的工具。国外已经开发出专门的 EMC 知识库系统和数据分析系统，并且通过对电子电路 CAD 设计文件的分析可以直接为电磁兼容性提供相关的设计建议。目前，美国开发的 IEMCAP 系统已经可以同时处理 200 个以上的干扰源和干扰接收器，并且可以分析和评估飞机、航天器、导弹、地面系统等复杂系统内部和系统之间的电磁兼容性。

1.1.2 我国 EMC 技术的发展现状

与先进国家相比，我国开展电磁兼容技术的研究较晚，对 EMC 技术的研究相对落后，特别是在管理和设计规范方面。第一个电磁干扰标准是部级标准 JB‐854—1966，该标准由原第一机械工业部于 1966 年制定。直到 1986 年，我国才发布 GJB 151—1986 标准，逐步解决了 EMC 问题。值得注意的是，1997 年国防科学技术工业委员会发布并执行了 GJB 151A—1997《军用设备和分系统的电磁发射和敏感度要求》，同时也意味着我国 EMC 技术水平得到了迅速提高。到目前为止，中国已经制定了 30 多种国家和军事标准，基本上相当于国际标准和美国军事标准，它为检验进出口电子产品的电磁干扰特性提供了一定的条件，使我国在电磁兼容标准和规范方面有了很大的进展。

我国国家无线电监测中心在 2000 年底引进了德国 L&S 公司的电磁兼容分析系统，该系统含有大量标准的电磁兼容传播模型和经验算法，采用国际电信联盟标准和建议，专门用于无线电频谱规划，其 876 个技术指标全部通过测试，处于世界先进水平。但这些先进的电磁兼容系统在国内很难推广，主要是因为其价格昂贵，很大程度上限制了国内 EMC 级单位的应用。其次，这些系统技术内核并不对外开放，而在实际应用中对于不同的系统需要进行不同程度的调试，这又将成为一个技术难题，这就为国内开发具有自主知识产权的电磁兼容技术支持专家系统提出了挑战，也提供了发展的契机。

近年来，中国主要的电磁兼容研究机构加大了电磁兼容软件工具的开发力度，做了很多建模工作，还编写了很多算法程序。这些电磁兼容软件工具的开发为国内电磁兼容后续工作的开发做了很多有益的工作。但是，应该指出的是，我国开发的电磁兼容分析工具功能较为单一，不能用于整个系统和系统间的 EMC 分析和预测，因此并不能满足应用中的实际设计要求。到目前为止，在构建 EMC 技术支持专家系统的研究上始终没有实际的突破性进展。建立 EMC 技术支持专家系统最需要的就是 EMC 的基础知识库系统（包括 EMC 的基本计算模型库、EMC/EMI 分析和预测、EMC/EMI 设计规则），其研究工作还尚未有效地开展起来。

电磁兼容技术支持专家系统的自主开发不能游离于国内电磁兼容技术的整体应用现状和发展趋势。应当明确认识到，与发达国家相比，国内电磁兼容标准的制定和实施起步较晚。到目前为止，我们仍然是以国外的五项电子标准为基础，国内通信、信息、电子产品制造业的电磁兼容技术在实施上仍然遵循国外的电磁兼容标准，处于电磁兼容技术的学习和应用阶段。因此，我国自主开发的电磁兼容技术支持专家系统应充分考虑这两个方面的需求，不仅要在系统功能上提供专业的电磁兼容设计功能，还要为国内大多数从事电磁兼容研发人员提供电磁兼容技术学习的机会和空间。在这个系统上研发人员能够搜索国内外技术资源，为大量涉及电磁兼容技术的相关工作提供便捷的操作，保证工作效率，为全面、完善的电磁兼容技术支持专家系统的最终开发以及我国今后的电磁兼容技术发展奠定坚实的基础。

1.1.3　EMC 技术的发展趋势以及面临的挑战

电磁兼容是 20 世纪迅速发展起来的一门学科。随着科学技术的进步，对电磁兼容和电磁标准的要求和挑战将不断提高，其研究范围将逐步扩大，不再局限于电子、电气设备本身。电磁兼容的总体发展趋势是：

1. 电磁兼容设计与控制技术

从单设备、单任务的转向系统来看，有必要综合考虑电磁兼容设计，不断优化和改进。电磁干扰控制技术也有了一些新的发展，主要体现在系统的硬件方面，包括时间屏蔽器、频率遮蔽器和干扰消除器等干扰抑制装置。另一个具有突破性意义的应用是使用雷达吸波材料来减少电磁干扰对系统的影响。雷达吸波材料是一种多功能复合材料，能够很好地吸收或者透过电磁波，特别适合用来解耦相邻的电磁系统，减少结构反射造成的电磁能量，但将这种能够屏蔽和过滤电磁干扰的新材料应用到抗干扰系统中的新工艺还亟待突破。

2. 电磁辐射危害及其防护技术

电磁辐射所衍生的能量与电磁波频率的高低和强度成正比，高频的电磁波产生的辐射能够破坏人体组织的分子，对武器系统中的军械和燃料的危害更有它的独特性。美国海军国防部经过几十年对电磁辐射及其防护技术的全面研究，现在已经形成了一整套的标准规范、设计和操作指南。随着无线电技术的发展以及电磁波的广泛应用，电磁波辐射对生物特别是人体的影响被人们逐渐重视起来，近年来这一领域取得了很大进展，形成了电磁辐射标准。然而，人员危害场强极限、军械设备抗电磁辐射安全体系评估方法、燃料安全距离等精密的技术问题还有待进一步的研究。

3. 电磁脉冲效应及其防护技术

核爆炸会产生强烈的电磁脉冲，特别是高空核爆炸时产生的电磁波能量可能会对敌方的指挥、控制、通信甚至整个情报系统造成毁灭性的打击，具有很高的军事价值，各国目前都在大力加强核电磁脉冲的研究。因此，武器系统抗电磁脉冲技术的研究对于国防安全来说不可忽视，提高武器系统在电磁武器和高空核爆炸打击下的生存能力是提升军事实力的一大关键因素。电磁脉冲武器按照电磁脉冲的产生方式可以分为 3 大类：

1) 高空核爆电磁脉冲（HEMP）：将低当量核弹在大气层上空引爆，产生的伽马辐射会分离出大气中的电子，从而产生康普顿效应，其产生的扩散电子脉冲对电子设备有致命性的影响。

2) 超宽带电磁脉冲（UWB）：利用高爆炸药和相关装置产生频率高达 $10^8 \sim 10^{12}\,Hz$ 的脉冲。

3) 高功率微波脉冲（HPM）：利用磁控管、虚阴极振荡器等高功率器件产生峰值功率超过 100MW 的微波武器。

1.2　电磁兼容研究目的

1. 电磁污染的危害日益严重

电磁污染是指有害的电磁干扰和电磁辐射，包括自然产生的和人为产生的。由于科技的进步，大量的电子产品、电气设备、交通工具以及通信产品出现在人们的日常生活中，这一方面便利了人们的生活，另一方面也导致大量的电磁辐射充斥在我们周围，影响着人们的身心健康。电磁波是由电磁场交互变化产生的，电磁波向空中发射，形成电磁辐射，大量的电磁辐射势必造成电磁污染，电磁污染已被列为世界上五大污染之一。

在日常生活中有各种各样的电磁波，手机、计算机、汽车、广播、高压输电线等，都会向空中和地面辐射强大的电磁波能量。当电磁波达到一定强度时，就会在无形之中对人体产生危害。电磁波污染是一种无色、无味、无形的污染，人们生活的环境中充满了电磁辐射，电磁辐射在 10^5 Hz 以上时，就会对人类产生危害。

电磁兼容技术能够有效地减弱或消除电磁污染带来的危害，所以电磁兼容的研究具有重要意义。

2. 市场竞争日益激烈，开发周期越来越短

电磁兼容性是电子、电气产品的一项非常重要的质量指标，随着国家强制认证的出台和标准的不断完善，企业对电磁兼容的要求日益提高，所以要使产品能占领市场，必须缩短产品的开发周期并且要满足相应的电磁兼容标准。随着微电子技术、半导体技术、模拟电子技术、数字电子技术的发展，电子设备越来越复杂，集成电路越来越精密，电路的工作频率越来越高，这也造成了电路之间的干扰越来越严重，加大了电子产品设备研发设计的困难，从而导致产品开发周期过长，甚至研发失败。

随着信息技术、通信技术、机电一体化和尖端武器技术等高新技术的发展和应用，并且发达国家已经把电磁兼容作为一种非关税贸易壁垒保护本国市场，电磁兼容已成为我国迫切需要研究和发展的一个重要技术。

1.3 电磁兼容的概念及要素

1.3.1 电磁兼容的基本概念

电磁兼容是指系统或设备在其电磁环境中既能满足其功能要求又不会对在该环境中的任何事物带来不能容忍的电磁干扰的能力。因此，电磁兼容的要求有两个方面：一是系统或设备在正常运行过程产生的电磁干扰强度是有一定限度的，二是设备或者系统对它周围环境中存在的电磁干扰具有一定的抗扰能力。

国际电工委员会（IEC）对电磁兼容的定义为：系统或设备在所处的电磁环境中能正常工作，同时不会对其他系统和设备造成干扰。

电磁兼容包括电磁干扰（EMI）和电磁敏感度（EMS）。电磁干扰描述的是某一设备或系统对其他设备的电磁辐射干扰程度，设备本身在正常运行过程中是否会影响其他设备的正常运行，是否会产生不利于其他系统的电磁噪声；电磁敏感度描述的是设备或系统是否受同环境中其他设备或系统的干扰而影响自身的正常工作，即设备在正常运行过程中不受周围电磁环境影响的能力。

电磁兼容的研究是伴随着科技和时代的进步而逐步发展起来的，是随着微电子技术、半导体材料技术、嵌入式技术的发展而逐步发展起来的。特别是在工业、交通、通信等领域大量采用现代电子技术后，使电磁兼容问题更加突出。电磁兼容技术是一门交叉性的学科，涉

及许多方面如电子技术、通信技术、计算机技术等领域的内容。

1.3.2　电磁兼容三要素

干扰源、耦合途径和敏感设备是研究电磁兼容的三个基本要素，三者缺一不可。电磁兼容三要素示意图如图1-1所示。

图1-1　电磁兼容三要素示意图

1. 电磁干扰源

自然环境中发射的电磁能量或者用电设备发射的电磁能量，使周围环境中的人或其他生物受到电磁辐射的危害，或者使其他设备性能降低或失效而不能正常工作，这种发射源称为电磁干扰源。

电磁干扰源的特性由以下参数描述：

1）规定带宽条件下的发射电平。

2）频谱宽度。电磁干扰源的频谱宽度可以由电磁干扰能量的频率分布特性确定。

3）波形。电磁干扰有许多种形式的波形，而电磁干扰源的频谱宽度受波形的影响并由波形决定。

4）出现率。电磁干扰的出现频率表现了电磁干扰的强度或者电磁干扰的功率。出现率高而且频率快，则表示电磁干扰的强度比较高，反之则表示干扰强度低。电磁干扰又可分为周期性的干扰、非周期性的干扰还有随机性的干扰。

5）辐射干扰的极化特性。电磁干扰场强矢量的方向随时间变化的特性就是辐射干扰的极化特性。该特性取决于天线的极化特性。当干扰源天线和敏感设备天线的极化特性相同时，辐射干扰在敏感设备输入端产生的感应电压最强。

6）辐射干扰的方向特性。电磁辐射干扰源会向空间中各个方向发射电磁能量，此外敏感设备会接收空间中各个方向的电磁干扰能量，而干扰源发射电磁能量的能力和敏感设备接收电磁能量的能力是不同的，因此用方向特性来描述干扰源发射电磁能量的能力和敏感设备接收电磁能量的能力。

7）天线有效面积。敏感设备接收空间中各个方向的电磁辐射的能力的参数用天线有效面积来表征。

2. 电磁干扰源的分类

电磁干扰源分为自然干扰源、人为干扰源和瞬态干扰源。

（1）自然干扰源

自然干扰源的特点为不可控。自然干扰源根据其不同的起因和物理性质可分为电子噪声、天电噪声、地外噪声以及沉积静电等噪声四类。

1）电子噪声主要由电子设备内部的元器件产生。$1/f$噪声、热噪声等是常见的电子噪声。

2）天电噪声是地球大气层中发生的各种自然现象，比如雷电，对无线电通信的影响非常大。

3）地外噪声是来自宇宙中其他天体的噪声。

4）沉积静电等其他自然噪声。静电放电主要来自人体和设备积累的静电电压，通常以火花的形式释放。

（2）人为干扰源

人为干扰源就是由人类产生的干扰。无线电干扰和非无线电干扰是人为干扰源的两大类型。

（3）瞬态干扰源

瞬态干扰源主要由电子、电气设备，如家用电器、工业设备、医用设备，以及车辆、船舶和发动机装置等产生。

按照电磁干扰源的性质，又可分为脉冲干扰源和平滑干扰源两种类型。

按电磁干扰源作用时间分类，可分为连续干扰源、间歇干扰源和瞬变干扰源。连续干扰源是长期起作用的电磁干扰源。间歇干扰源是短期起作用的电磁干扰源。瞬变干扰源是非周期、无规律性的电磁干扰源，产生的时间很短。

按电磁干扰源的功能，分为功能性干扰源和非功能性干扰源。功能性干扰源是指某系统正常工作的同时，直接对其他系统如无线电台、工业、科学、医疗设备等产生的干扰。非功能性干扰源指某系统正常工作时受到大功率开关、继电器等元器件产生的干扰。

按电磁干扰源传播的途径，可分为辐射干扰源和传导干扰源，或两者的组合干扰源。

3. 耦合途径

耦合途径即传输电磁干扰的通路或媒介，图1-2、图1-3所示为系统和设备内的几种耦合途径。

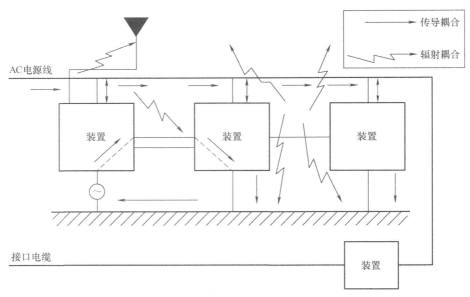

图 1-2　系统内几种可能的耦合途径

（1）传导耦合

传导耦合是指在某种存在电磁干扰的环境中，电磁干扰信号会通过导线将干扰传导到电路当中，影响设备正常工作，也称为直接耦合。

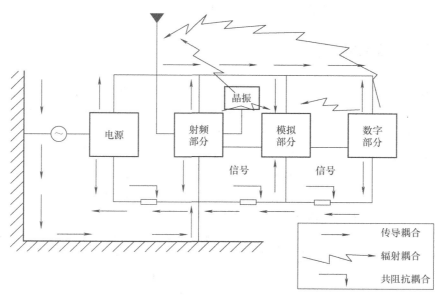

图 1-3　设备（装置）内的几种耦合途径

电子电气设备通常会引出多种接口导线，比如电源线、接地线、信号线、控制线和通信线等，电磁干扰便可通过这些引出的接口导线进入设备，从而对设备产生电磁干扰。导线可以传送相当高频率的电磁干扰，如双绞线可以达几十兆赫，同轴电缆可达吉赫兹（GHz）级别。

解决方法是电路的设计人员对电源线进行滤波处理，如果还有其他设备连接到该电源上，则在噪声进入电路之前还要对导线中的噪声进行去耦处理。

（2）共阻抗耦合

当两个电路的电流经过一个公共阻抗时，一个电路的电流在该公共阻抗上形成的电压就会影响到另一个电路。

（3）感应耦合

1）电容性耦合。电容性耦合是指电路中存在分布电容而产生的一种耦合方式，也称电场耦合或静电耦合。

2）电感性耦合。回路中的电流产生磁场，变化的磁场会产生感应电压，这种在回路之间的耦合称为电感性耦合，又称磁感应耦合。线圈和变压器常发生电感性耦合，平行的导线之间的耦合也是比较常见的电感性耦合。

（4）辐射耦合

辐射干扰主要是通过空间、设备或系统向周围环境中辐射电磁波，敏感设备就会接收电磁波，这样便形成了辐射耦合。

4. 敏感设备

敏感设备是指该设备或系统在电磁辐射环境中容易受到电磁干扰源的辐射干扰，从而导致设备或系统不能正常工作，性能降低甚至失效。许多设备或系统既是干扰源又是敏感设备，相互辐射电磁波。

为了实现电磁兼容，必须从最基本的干扰源、耦合途径、敏感设备三要素出发，通过技术手段抑制干扰源向外发射电磁波，减弱或消除感应耦合，增强设备或系统的抗干扰能力。

另外要遵循电磁兼容设计标准和规范，进行合理的设计。

1.4　电磁兼容标准

为规范电子产品的电磁兼容性，包括我国在内的许多国家都制定了电磁兼容标准。目前国内外电磁兼容的标准多种多样，其中国际电工委员会（IEC）所制定的标准被大部分国家采纳。

IEC 下有两个电磁兼容标准的制定部门：国际无线电干扰特别委员会（CISPR）和第 77 技术委员会（TC77）。CISPR 设立于 1934 年，现在有七个分部分管不同的领域：无线电干扰分部、医疗器械工科分部、电力系统分部、车辆分部、电器无线干扰分部、信息设备无线干扰分部。TC77 成立于 1981 年，有低频现象、高频现象、核电磁脉冲的抗干扰性三个方向的分部。

我国民用产品电磁兼容标准是基于 CISPR 和 IEC 标准的，目前已发布 57 个。我国军用产品现在使用的标准 GJB 则是基于美国军标，例如 GJB 1143—1991 = MIL - STD - 449D。

欧盟使用的 EN 标准也是基于 CISPR 和 IEC 标准，其对应关系如下：

EN 55×××→CISPR 标准（例：EN 55103 = CISPR Pub. 103）

EN 6××××→IEC 标准（例：EN 61000 - 4 - 3 = IEC 61000 - 4 - 3 Pub. 11）

EN 50×××→自定标准（例：EN 50801）

电磁兼容标准按照用途可分为基础标准、通用标准、产品类标准以及专用产品标准，如图 1-4 所示。

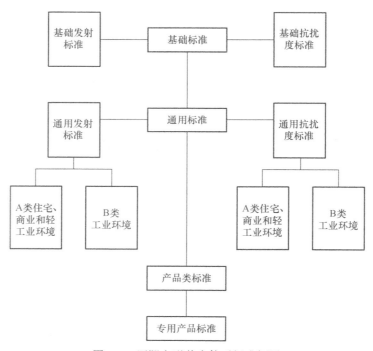

图 1-4　国际电磁兼容体系标准框图

（1）基础标准

基础标准不针对具体产品，而是对 EMC 基本原理进行阐述，对 EMC 测试方法进行规定，并定义了产品等级和性能标准。

（2）通用标准

通用标准是针对产品的工作环境划分制定的。当产品没有对应的特定产品类别标准并满足通用标准的要求时，应采用此通用标准对其进行 EMC 测试。

（3）产品类标准

这个标准是针对产品类别制定的测试标准，分为产品抗扰度要求和产品电磁干扰辐射两个方面。产品测试内容和极限值在产品类标准和通用标准中应是一致的，但与通用标准相比，产品类标准在测试内容、极限值和性能等方面的标准因产品的特殊性而不同。产品类标准在所有的电磁兼容标准中占比最大、应用最广。如 CISPR 15—1996、CISPR 11—1990、CISPR 12—1990 和 GB/T 18487.1—2015 分别是关于电气照明、工业科学和医学（ISM）射频设备、车辆和由火花点火发动机驱动装置、新能源汽车传导充电系统的标准，这些标准是属于自己类目下的产品对电磁干扰发射极限的要求。

（4）专用产品标准

专用产品标准一般不是指一个独立的电磁兼容标准，通常是作为一个专门条款依附在一般技术条件中。在电磁兼容的要求上，专用产品标准应与产品类标准一致。可以针对产品的特殊性添加相应的测试项目，有针对性地在电磁兼容性能方面做一些改动。专用产品标准相对产品类标准对电磁兼容具有更强的特殊性，测试人员可以参考相应的基本标准增加产品的性能测试方法。

1.5 电磁兼容测试

电磁兼容测试是指测试产品在正常运行情况下不会对其周围其他产品产生过量电磁干扰的能力。EMC 设计和 EMC 测试是互补的，EMC 设计是否达标是依靠 EMC 测试来确定的。需要指出的是，EMC 预估必须在产品的 EMC 设计和开发的阶段进行，这样可以将有可能的干扰去除，否则当产品设计完成后发现不兼容问题时，将需要大量的时间和精力来修改和补救。并且，当产品设计完成后修改某个地方可能会牵一发而动全身，相当于要重新设计产品，这样带来的损失不可估计。

EMC 的测试内容包括测试方法、测量仪器和试验场所。测试方法根据产品参照对应的标准，测量仪器以频域测试为主，试验场地是进行 EMC 测试的基础条件，电磁辐射发射、辐射接收与辐射敏感度是选择试验场地的重要因素。

EMC 测试应按照其对应的 EMC 标准中规定的测试方法进行测试。相容性预测试验可以提高产品的可靠度，因为该测试可以排除大多数电磁干扰并且可以指出设计改进方向，虽然不是所有的测试标准都能通过。

EMC 测试标准分为民用 GB/T 17626 系列和军用 GJB 151A/GJB 152A 系列。民用测试项目有电快速瞬变脉冲群抗扰度试验、冲击抗扰度试验、短时中断和电压变化的抗扰度试验、静电放电抗扰度试验、射频电磁场辐射抗扰度试验、传导电压和辐射场强。军用测试有 CE101、CE102、CS106、CS114、CS116、RE102 等。每个行业都有属于自己的电磁兼容标准，包括测试要求和测试布置在内的测试项目会因标准各异而不同，但测试原理总体相同。测试内容分为电磁干扰和电磁敏感度两部分，电磁干扰测试是测量产品工作时产生的电磁干扰对周围设备的影响大小。电磁敏感度测试是测量设备抵抗外界电磁干扰的性能。

第2章
无源器件及有源器件的选型

2.1 无源器件的特性

在实际应用中，电子元器件都是非理想的。元器件的实际电特性与理想元器件有一定的偏差，这就导致电路的性能与最初的设计有一定的误差。为了正确地使用各种不同类型的元器件，理解这种非理想特性是非常重要的。本节重点介绍无源电子元器件的电参数特性，而这些参数决定了元器件的噪声性能以及它们在噪声抑制电路中的应用。

如果电子元器件工作时，其内部没有任何形式的电源，则这种元器件叫作无源器件。从电路性质上看，无源器件有两个基本特性：

1）自身消耗电能，或把电能转变为不同形式的其他能量。

2）只需输入信号，不需要外加电源就能正常工作。

无源器件包含寄生电阻器、电容器和电感器。在电磁兼容问题容易发生的高频段，这些寄生参数经常占主导地位，并使器件功能彻底发生变化。例如，在高频电路中，碳膜电阻或者变成电容（由于旁路电容），或者变成电感（由于引线自感和螺线）；线绕电阻在几千赫兹以上因其绕线电感的存在是不适合使用的；电容由于其内部结构和其外引线自感的影响会发生谐振，超过第一个谐振频率点后，就呈现显著的感抗。

在大多数情况下，电路的基本元器件满足 EMC 的程度将决定功能单元和最后的设备满足 EMC 的程度。实际的元器件并不是理想的，本身可能就是一个干扰源或敏感设备。选择合适的电子元器件的主要准则包括带外特性和电路装配技术，因为是否能实现电磁兼容往往是由远离基频的元器件响应特性来决定的。有时也可以利用元器件具有的特性进行抑制和防止干扰，而在许多情况下，电路装配又决定着带外响应和不同电路元器件之间互相耦合的程度。

电子元器件的一般选择规则：

1）在高频时，和引线式电容器相比，应优先选用引线电感小的穿心电容器或支座电容器来滤波。

2）在必须使用引线式电容器时，应考虑引线电感对滤波效率的影响。

3）铝电解电容器可能发生几微秒的暂时性介质击穿，因而在纹波很大或有瞬变电压的电路里，应该使用固体电容器。

4）使用寄生电感和电容小的电阻器。片状电阻器可用于超高频段。

5）大电感寄生电容大，为了提高低频部分的插损，不要使用单节滤波器，而应该使用若干小电感组成的多节滤波器。

6）使用磁心电感器要注意饱和特性，特别要注意高电平脉冲会降低磁心电感器的电感量和在滤波器电路中的插损。

7）尽量使用屏蔽的继电器并使屏蔽壳体接地。

8）选用有效屏蔽、隔离的输入变压器。

2.2 电容器

2.2.1 等效电路

电容器的分类一般是按照电容器的电介质材料划分的，具有一定特性的电容器通常都只适用于某一种应用场合。一个实际的电容器并不是一个理想的电容器，如图 2-1 所示，电感 L 是电容器的引线和自身结构产生的；R_P 是电容器并联漏电阻，其大小是电容器介质材料、体积、电阻率的函数；R_S 是电容器等效串联电阻，其大小是电容器损耗因数的函数。

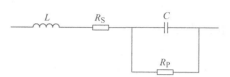

图 2-1　电容器等效电路

选择电容器时，工作频率是一个非常重要的因素。电容器的最大有效使用频率受电容器本身结构和引线电感的影响。在某些频率点上，电容器与自感产生谐振，超过谐振频率的频段，电容器具有电感特性，并且阻抗随着频率的上升而增加；低于自谐振频率的电容器是电容性的，它的阻抗随着频率的上升而降低。

表面安装电容器由于尺寸小且没有导线，比有导线的电容器电感显著降低，因此它们是有效的高频电容器。一般来说，电容器封装尺寸越小，电感越低。典型的表面安装、多层降电容器的电感在 $1 \sim 2nH$ 范围。具有 $1nH$ 串联电感的 $0.01\mu F$ 表面安装电容器的自谐振频率为 $50.3MHz$。特殊的封装设计包括多股绞合导线，可以把电容器的等效电感降低到几百微亨。

2.2.2 频率特性和分类

1. 电解电容器

电解电容器最主要的优点是电容量大又可以置于小的封装中。电解电容器的电容体积比是所有电容器中最大的。

使用电解电容器时，一个重要的考虑是电容器是有极性的，电容器两端必须维持适当极性的直流电压。非极性电容器可用两个电容相等、额定电压相同但极性方向相反的电解电容器串联组成，串联后的电容量是每个电容器的一半，额定电压和单个电容器相等。如果是额定电压不相等的电容器串联，串联后的额定电压为额定电压低的电容器的电压。

电解电容器可以分为两类，铝电解电容器和固态钽电解电容器。

（1）铝电解电容器

铝电解电容器有 1Ω 或更大的串联电阻，典型电阻为零点几欧姆。串联电阻随频率增大，这是因为存在介质损耗。串联电阻还随温度降低而增大，在 $-40℃$ 时，串联电阻可能是 $25℃$ 时的 $10 \sim 100$ 倍。由于尺寸大，铝电解电容器的电感也大，因此是低频电容器，通常不用在频率高于 $25kHz$ 的情况，它们通常用于低频滤波、旁路、耦合。为达到最大使用寿命，铝电解电容器应工作在 80% ~90% 额定电压下，工作在低于 80% 额定电压情况下也不会更可靠。

当铝电解电容器用在交流电路或脉冲电路时，纹波电压不应超过最大额定纹波电压，否则会发生内部过热。通常，最大纹波电压标定在 120Hz，这是在全波桥式整流电路中滤波电容器的典型工作频率。温度是老化的主要因素，电解电容器的工作不应超过它们的最大温度范围。

（2）固态钽电解电容器

固态钽电解电容器和铝电解电容器比较，具有较小的串联电阻和较高的电容体积比，但价格较贵。固态钽电解电容器的串联电阻比等电容的铝电解电容器低一个数量级。固态钽电解电容器比铝电解电容器的电感小，可以用在更高的频率，它通常可以用在几兆赫。总的来说，在使用时间、温度和振动方面它比铝电解电容器更稳定。与铝电解电容器不同，固态钽电容器可靠性更高，通常它们应工作在 70% 额定电压或更低。当在交流或脉冲直流应用中，纹波电压不应超过最大额定纹波电压，否则电容器的可靠性会因为内部过热受影响。固态钽电解电容器有导线安装和表面贴装两种类型。

2. 薄膜电容器和纸质电容器

薄膜电容器和纸质电容器的串联电阻比电解电容器小很多，但仍有相似的电感，它们的电容体积比小于电解电容器，通常使用值可以到几微法。它们作为中频电容器使用时工作频率可以高达几兆赫。在讨论的所有电容器中，中频电容器在各个方面最接近理想电容器。它们通常被用于一些精密应用，例如滤波器。在这些应用中需要相对于时间和温度的稳定性，以及精确的电容值。

在现代应用中，薄膜电容器（介质材料有聚酯、聚丙烯、聚碳酸酯、聚苯乙烯）被用来替代纸质电容器。这些电容器通常工作在 1MHz 以下，用于电路中的滤波、旁路、耦合、定时和噪声抑制。聚苯乙烯电容器有相当低的串联电阻、非常稳定的电容频率性能和优良的温度性能。

纸质电容器和薄膜电容器通常卷成管状，这些电容器通常在一端有个环绕的色带。有时色带仅用一个点代替，连接色带或点一端的导线接到电容器的外部金属箔。尽管电容器没有极性，色带端应尽可能接地或接公共参考电位端。用这种方式，电容器的外部金属箔能作为一个屏蔽层，减少耦合到电容器或从电容器耦合出来的电场。

3. 云母电容器和陶瓷电容器

云母和陶瓷电容器的串联电阻和电感低，所以是高频电容器，如果导线很短，频率高达 500MHz。一些表面安装电容器可用在 GHz 频段。这些电容器通常用在射频（RF）电路，用于滤波、旁路、耦合、定时和鉴频以及高速数字电路中的去耦合。除了高 K（介电常数）陶瓷电容器，通常它们对于时间、温度和电压性能很稳定。

陶瓷电容器用在高频电路中已将近 100 年，最初的陶瓷电容器是"圆片电容器"。近几十年来陶瓷电容器技术得到长足发展，现在陶瓷电容器有许多不同的样式、形状和尺寸，成为高频电容器的"主力军"。

云母介电常数低，因此相对于电容值，云母电容器尺寸大些。由于陶瓷电容器技术的巨大进步和云母电容器的低电容体积比，在许多低压、高频应用中，陶瓷电容器代替了云母电容器。由于云母的介质击穿电压高，通常达到千伏量级，云母电容器仍用在许多高压射频领域，例如无线电发射机中。

多层陶瓷电容器由多层陶瓷材料组成，通常是钛酸钡介质，用交叉的金属电极分隔，连接电极在结构的终端。这种结构等效于把许多电容器并联，优点是可以加倍每一层的电容，总电容值等于每层的电容值乘以层数，同时分割了每一层的电感，总的电感值等于每层的电感值除以层数。多层结构的电容器结合表面贴装技术可以产生几乎理想的高频电容器。一些电容值小（例如几十皮法）的表面贴装的多层陶瓷电容器在 GHz 频段内可能还有自谐振。

大部分多层陶瓷电容器的电容为 1μF 或更低，额定电压为 50V 或更低，额定电压受限于小的层间隙。多层陶瓷电容器是优异的高频电容器，通常用在高频滤波以及数字逻辑去耦合。

高 K 陶瓷电容器是陶瓷电容器中唯一的中频电容器，它们的性能相对于时间、温度和频率不稳定。和标准陶瓷电容器相比，高 K 陶瓷电容器最主要的优点是电容体积比大，通常用于非关键部分的旁路、耦合和隔离。高 K 陶瓷电容器的另一个缺点是电压瞬变时可能损坏，因此不推荐作为旁路电容器直接跨接在低阻抗电源上。

表 2-1 表示小陶瓷电容器的导线长度对自谐振频率的影响。为了保持高的谐振频率，应优先选用可用的电容最小的电容器。

表 2-1　小陶瓷电容器自谐振频率

电容/pF	自谐振频率/MHz	
	6mm 导线	12mm 导线
10000	12	—
1000	35	32
500	70	65
100	150	120
50	220	200
10	500	350

如果谐振频率不能保持在关注的频率上，这种频率通常是谐振频率的许多倍，那么高于谐振频率的电容器阻抗则由电感确定。在这种条件下，任何电容值的电容器将有相同的高频阻抗，较大的电容值可以提高低频性能。在这种情况下，降低电容器高频阻抗的唯一方法是减小电容器和导线的电感。

值得注意的是，在谐振频率上，电容器的阻抗实际低于理想电容器的阻抗（没有电感），但是高于谐振频率，电感会使阻抗随频率增大。

4. 穿心电容器

穿心电容器通常用来馈电（AC 或 DC）和馈送其他低频信号到电路，同时将电源线或信号线上的高频噪声旁路到接地线。穿心电容器非常有效，但比标准电容器更昂贵。

2.2.3　电容的并联

没有任何一种电容器能够在从低频到高频的全频率范围内具有令人满意的性能。为了在全频范围内提供期望的滤波效果，通常要将几种不同类型的电容器并联起来。例如：电解电容器可以提供低频滤波时需要的大电容，将它并联低电感小电容的云母电容器或陶瓷电容器能，提供高频时所需的低阻抗。

但是电容并联应用时，电容器和电容器的导线电感互连能够产生串联和并联谐振，从而带来谐振问题。在某些频率点上，谐振会产生很高的阻抗尖峰。当并联的电容器电容相差很大时，或电容器互联导线较长时，谐振问题更加严重。

2.2.4 电容的失效模式

表2-2为不同类型的电容器在正常使用和过电压使用时的失效模式。

表2-2 电容器的失效模式

类型	正常使用	过电压使用
铝电解电容器	开路	短路
陶瓷电容器	开路	短路
云母电容器	开路	短路
聚酯薄膜电容器	开路	短路
金属化聚酯薄膜电容器	开路	噪声增大
钽电解电容器	开路	短路

2.3 电感器

2.3.1 等效电路

电感器也是一种磁性元件，它是构成滤波器的核心元件。电感在电子线路中的作用是：阻流、变压、耦合及与电容器配合用作调谐、滤波、选频、分频等。

和电容器一样，电感器也是解决 EMC 问题的重要器件之一。其工作原理是，利用电感增大回路的阻抗，以减小回路中的干扰电流，从而达到抑制干扰的目的。

实际中电感器也不是理想的，它也有串联等效电阻和绕组间的寄生分布电容，图 2-2 表示的是电感器的等效电路。电容用一个集总并联电容器表示，所以电感器也会在某些频率点并联谐振。

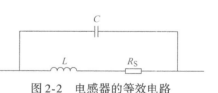

图 2-2 电感器的等效电路

2.3.2 分类和特性

电感器通常可以分为空心电感器和磁心电感器两种，而磁心电感器还可以分为开路电感器和闭路电感器。

电感器的一个重要特性是：对磁场的敏感性以及产生漏磁场。空心电感器和开路磁心电感器最容易产生干扰问题，它们的磁力线可以从电感器扩展到很大的范围，而闭路磁心电感器的漏磁场很小。

就对磁场的敏感度来说，磁心电感器的敏感度高于空心电感器。低磁阻的通路能够集中分散的外部磁场，使更多的磁力线穿过线圈。所以开路磁心电感器最敏感，闭路磁心电感器敏感度要低一些，但是比空心电感器敏感度要高得多。

为了将电感产生的电场和磁场限制在一定的空间内，通常需要使用屏蔽电感器。高频时，使用低电阻材料的屏蔽体就可以屏蔽电场和防止磁场泄漏；低频时，必须要使用高磁导率的磁性材料来屏蔽磁场。

在选择开环电感器时，绕轴式比棒式或螺线管式更好，因为这样磁场将被控制在磁心的局部范围。对闭环电感器来说，磁场被完全控制在磁心。螺旋环状的闭环电感器的一个优点是：它不仅将磁环控制在磁心，还可以自行消除所有外来的附带场辐射。

2.3.3 变压器

如果将两个电感绕在同一个磁心上，就可以形成一个变压器。通常变压器用于隔离两个电路，切断地回路的影响。这种情况下，唯一起作用的耦合是磁场耦合。这种耦合可以利用静电屏蔽或法拉第屏蔽消除（在两个绕组间放置接地导体）。通用的原则是屏蔽应连接在噪声源的另一边，用两个未屏蔽的变压器也可以实现静电屏蔽。

实际的变压器不是理想变压器，在一次和二次绕组间存在电容。

变压器的高频特性直接影响产品的电磁兼容传导骚扰特性和辐射骚扰特性，同时其磁泄漏的大小直接影响产品的内部干扰特性。变压器绕组的绕制方式、磁心材料的性质、磁心的形状等直接影响整机的电磁兼容性能。

2.4 电阻器

2.4.1 等效电路和特性

电阻器的等效电路如图 2-3 所示。

电阻器通常可以分为三种基本的类型：线绕型、薄膜型、合成型。电阻器的精确等效电路取决于电阻器的类型和生产工艺，但是图 2-3 中的电路适合大多数情况。典型的合成电阻器，并联电容为 0.1 ~ 0.5pF，电感主要是导线电感，除了线绕电阻器。对

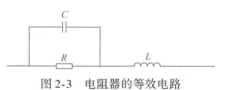

图 2-3　电阻器的等效电路

于线绕电阻器，电阻是电感的最大贡献者。除了线绕电阻器和其他类型的电阻很低的电阻器，在电路分析中，电感通常被忽略。然而，电阻器的电感使其对外部磁场敏感。当使用高阻值的电阻器时，并联电容很重要。例如，一个 22MΩ 电阻器具有 0.5pF 的并联电容，工作在 144kHz，那么电路中容抗的大小就占电阻的 10%。如果电阻器用在高于这个频率的电路，电容就可能影响电路的性能。

表 2-3 表示一个 0.5W 碳膜电阻器在不同频率时的阻抗幅值和相位的测量值。标称电阻为 1MΩ，在 500kHz 时，阻抗幅值降到 560kΩ，相位为 −34°，因此容抗变得很重要。

表 2-3　1MΩ、0.5W 的碳膜电阻器在不同频率时的测量值

频率/kHz	阻抗	
	幅值/kΩ	相位/(°)
1	1000	0
9	1000	−3
10	990	−3

（续）

频率/kHz	阻抗	
	幅值/kΩ	相位/(°)
50	920	−11
100	860	−16
200	750	−23
300	670	−28
400	610	−32
500	560	−34

2.4.2 电阻器的噪声

所有的电阻器不管什么结构，都会产生噪声电压。这种噪声电压是因为热噪声和其他噪声源如散粒噪声或接触噪声产生的。从噪声产生的机理上讲，热噪声是不可避免的，其他噪声源是可以减小或消除的。因此，电阻器的总噪声是大于或等于热噪声的。

在三种基本电阻器类型中，线绕电阻器噪声最小，高质量的线绕电阻器的噪声不会比热噪声大，合成电阻器的噪声最大。除了热噪声，合成电阻器还有接触噪声，这是因为这种电阻器是由许多分离的颗粒组成的。没有电流通过合成电阻器时，噪声接近热噪声；有电流通过时，附加的噪声与电流成正比。不同类型的电阻器的噪声截止频率不同，还取决于电流的大小。

薄膜电阻器的噪声比合成电阻器小很多，但比线绕电阻器大。它的附加噪声也是接触噪声，但是因为其材料更均匀，附加噪声比合成电阻器小很多。

影响电阻器噪声的另一个重要因素是额定功率。如果两个相同类型、相同电阻的电阻器消耗相同功率，额定功率较高的电阻器噪声一般较低。研究表明，0.5W 和 2W 的合成电阻器工作在相同条件下，均方根噪声电压比大约为 3:1，这种差异是可变的，取决于电阻器的几何形状。

可变电阻器除了会产生固定电阻器的所有的固有噪声，另外还有由触点接触产生的噪声。该附加噪声正比于通过电阻器的电流和它的电阻。为了降低这种噪声，应减小通过电阻器的电流和其自身的电阻。

2.5 导线

2.5.1 等效电路和特性

尽管一般并不认为导线是元器件，但是它对电子电路的瞬态性能和噪声性能会产生重要的影响，实际上是电路的重要元件。导线最重要的两个特性是电阻和电感。电阻是明显的特性，但电感常被忽视。在很多情况下，电感比电阻更重要。即使在相对较低的频率下，导线的感抗也可能比电阻大。图 2-4 所示为导线的等效电路。

图 2-4　导线的等效电路

导线自身产生内部磁场，所以导线的总电感实际上是内部电感与外部电感之和。

2.5.2　高频下的趋肤效应

导线的交流电阻可能随着其形状的改变而降低。在相同截面积下，矩形导线的交流电阻比圆导线的小，因为矩形导线表面积（周长）较大。需记住，高频电流只在导体的表面流过。因为矩形导线和圆导线相比，在相同截面积下，矩形导线具有较低的交流电阻和较低的电感，所以相同截面积下，矩形导线是较好的高频导线。平带线或编织线常用作接地导线。

通常，如果导线之间的间距不是非常小，导线的内部电感与外部电感相比就可以忽略不计。如果导线传输的是高频电流，由于趋肤效应的存在，电流只在导线的外表面上流动，所以导线内部电感进一步减小，因此外部电感是导线唯一比较大的电感。

导线尺寸的选择一般是由导线上所允许的最大电压降来决定的。高频时，由于趋肤效应的存在，电流只在导线表面上流动，减小了导线的有效截面积，因此使导线的有效电阻增大。

2.6　有源器件

1. 有源器件的基本定义

有源器件是电子线路的核心，一切振荡、放大、调制、解调以及电流变换都离不开有源器件。如果电子元器件工作时，其内部有电源存在，则这种元器件叫作有源器件。

从电路性质上看，有源器件有两个基本特点：

1）自身也消耗电能。

2）除了输入信号外，还必须要有外加电源才可以正常工作。

同样，对于有源器件，当它工作在较高的频率上时，器件也存在着寄生电阻、寄生电感、寄生电容等，然而元器件的高频寄生参数常常被硬件设计师所忽略。其实，有源器件的引脚效应、装配工艺效应、辐射效应、电磁场分布效应以及元器件的温度效应都会引起元器件的高频等效参数发生很大的变化，从而产生 EMC 方面的问题。有源器件在 EMC 方面的不可估计性比无源器件更难以把握。因此，选择有源器件时必须注意其固有的敏感特性和电磁干扰发射特性。

2. 常见的有源器件分类

有源器件是电子电路的主要元器件，从物理结构、电路功能和工程参数上，有源器件可以分为分立器件和集成电路两大类。

（1）分立器件

1）双极型晶体三极管（bipolar transistor），一般简称晶体管。

2）场效应晶体管（field effective transistor）。

3）晶闸管（thyristor）。

4）半导体电阻与电容——用集成技术制造的电阻和电容，用于集成电路中。

（2）模拟集成电路器件

模拟集成电路器件是用来处理随时间连续变化的模拟电压或电流信号的集成电路器件。基本模拟集成电路器件一般包括：

1）集成运算放大器（integrated operation amplifier），简称集成运放。

2）比较器（comparator）。

3）对数和指数放大器。

4）模拟乘/除法器。

5）模拟开关电路（analog switch circuit）。

6）锁相环（phase lock loop）电路。

7）集成稳压器（integrated voltage regulator）。

8）参考电源（reference source）。

9）波形发生器（wave-form generator）。

10）功率放大器（power amplifier）。

（3）数字集成电路器件

1）基本逻辑门（logic gate）。

2）触发器（trigger）。

3）寄存器（register）。

4）译码器（decoder）。

5）数值比较器（numeric comparator）。

6）驱动器（driver）。

7）计数器（counter）。

8）整形电路（shaping circuit）。

9）可编程逻辑器件（programmable logic device）。

10）微处理器（microprocessor）。

11）单片机（single-chip computer）。

12）数字信号处理（digital signal processor）器件。

2.7 有源器件的选型

电子设备或者系统的 EMC 设计，需要在不同级别上实现，包括元器件、部件级、PCB级、模块级、产品级、集成系统级。解决元器件的 EMC 问题，终究要比解决模块级、产品级、集成系统级的 EMC 问题更加容易、有效，成本更低。

越接近干扰源和敏感源，实现 EMC 所需要的成本就越低，效果也越好。芯片是主要的干扰源和敏感源，深入了解这个机理，掌握芯片的封装类型、偏置电压和工艺技术，准确选择芯片，是 EMC 设计的首要步骤。对于无源器件，应做好频率特性和分布参数特性的研究。对于有源器件，要做好选型和 EMC 参数特性的研究。在电子设备或者系统的 EMC 设计中，关键问题是有源器件的正确选型和印制电路板（PCB）设计。而有源器件的选择，必须注意其固有的电磁敏感度特性和电磁干扰发射特性。

2.7.1 电磁敏感度特性

有源器件可分为调谐器件和基本频带器件。调谐器件起带通元件作用，其频率特性包括：中心频率、带宽、选择性和带外乱真响应。基本频带器件起低通元件作用，其频率特性包括：截止频率、通带特性、带外抑制特性和乱真响应。此外这两种器件还具有两种重要特性，输入阻抗特性和输入端的平衡或不平衡特性。

这两种器件最重要的敏感度参数是带内敏感度，这决定了它们的敏感度特性。灵敏度和带宽是评价敏感器件最重要的参数，灵敏度越高，带宽越大，抗扰度越差。

模拟器件的灵敏度以器件固有噪声为基础，即等于器件固有噪声的信号强度或最小可识别的信号强度称为灵敏度。模拟器件的带内敏感度特性取决于灵敏度和带宽。

逻辑器件的敏感度特性取决于直流噪声容限和噪声抗扰度；噪声容限即叠加到输入信号上的噪声最大允许值。噪声抗扰度可表示为

$$噪声抗扰度 = \frac{直流噪声容限}{典型输出翻转电压}$$

噪声容限可分为直流噪声容限、交流噪声容限和噪声能量容限。直流噪声容限把逻辑器件的抗扰度和逻辑器件典型输出翻转电压联系起来。交流噪声容限进一步考虑了逻辑器件的延迟时间，如果干扰脉冲的宽度很窄，逻辑器件还没有来得及翻转，干扰脉冲就消失了，就不会引起干扰。噪声能量容限则同时包含了典型输出翻转电压、延迟时间和输出阻抗。如果噪声能量大于噪声能量容限则逻辑器件将误翻转。

表 2-4 列出了各种逻辑器件族单个门的典型特性，包括直流噪声容限和噪声抗扰度，推荐使用 CMOS、HTL 器件。模拟和逻辑器件的带外敏感度特性用灵敏度和抑制特性斜率表示。因为有源器件的敏感度特性主要存在于带外，所以带外特性十分重要。低电平、高密度组装、高速、高频器件很容易受到干扰，特别是脉冲干扰。

表 2-4 各种逻辑器件族单个门的典型特性

逻辑族	典型输出翻转电压/V	(上升/下降时间)/ns	带宽/MHz	允许的最大电压降/V	无负载时电源瞬态电流/mA	输入电容/pF	单门输入电流(瞬态/稳态)	(速度×功率)/pJ	直流噪声容限/mV	噪声干扰度/(%)
ECL (10kΩ)	0.8	2/2	160	0.2	1	3	1.2/1.2mA	50	100	12
ECL (100kΩ)	0.8	0.75/0.75	420	0.5		3	3/0.5mA		100	12
TTL	3.4	10/10	32	0.5	16	5	1.8/1.5mA	100~150	400	12
LP TTL	3.5	20/10	21		8	5	1/0.3mA	35	400	12
STTL	3.4	3/2.5	120	0.5	30	4	5/4mA	60	300	9
LS-TTL	3.4	10/6	40	0.25	10	6	2/0.6mA	20	300	9
AS	3.4	2/2	160	0.5	40	4	7/1mA	15	300	9
ALS	3.4	4/4	80	0.5	10	5	4.3/0.3	5	300	9

（续）

逻辑族	典型输出翻转电压/V	(上升/下降时间)/ns	带宽/MHz	允许的最大电压降/V	无负载时电源瞬态电流/mA	输入电容/pF	单门输入电流（瞬态/稳态）	(速度×功率)/pJ	直流噪声容限/mV	噪声干扰度/(%)
Fast	3	2/2	160	0.5		5	8/0.5mA	10	300	10
CMOS 5V（15V）	5 (15)	90/100 (50)	3 (6)		1 (10)	5	0.2/ <10μA	5~50 (0.1~ 1MHz)	1000 (4.5V)	20 (30)
HCMOS (5V)	5	10/10	32	2	10	5	2.5/ <10μA	10~150 (1~ 10MHz)	1000	20
GAAS (1.2V)	1	0.1/0.1	3000			≈1	10μA	0.1~1	100	10
MOSFET	0.6, 0.8	0.03/0.03	10000	0.1		0.6	12~16μA	0.03	100	14

2.7.2 干扰发射特性

电子噪声主要来自设备内部的元器件，包括热噪声、散弹噪声、分配噪声、$1/f$ 噪声和天线噪声等。逻辑器件的电磁干扰发射包括传导干扰和辐射干扰，前者可通过电源线、信号线、接地线等金属导线传输；后者可由器件辐射或通过充当天线的互联线进行辐射。凡是有干扰电流经过的地方都会产生电磁干扰发射。

传导干扰随频率成正比增加，辐射干扰则随频率的二次方而增加。所以，频率越高，越容易产生辐射。

逻辑器件是一种干扰发射较强、最常见的宽带干扰源。器件翻转时间越短，对应逻辑脉冲所占频谱越宽，可表示为频谱宽度 BW 与上升时间 t_r 的关系。

$$BW = \frac{1}{\pi t_r} \tag{2-1}$$

实际辐射频率范围可能达到 BW 的 10 倍以上。例如，$t_r = 2ns$ 时，频谱宽度 BW = 159MHz，实际辐射频率范围可达 1.6GHz 以上。如果电路的开关频率为 50MHz，而采用的集成电路芯片上升时间为 1ns，那么该电路的最高 EMI 发射频率将达到 350MHz，远远大于该电路的开关频率。而如果芯片的上升时间为 500ps，那么该电路的最高 EMI 发射频率将高达 700MHz。实际辐射频率范围则高得多。

对于 ECL（10kΩ）器件，其上升/下降时间 $t_r = 2ns$，频谱宽度 BW = 159MHz，实际辐射频率范围可达 1.6GHz 以上。但 CMOS（5V/15V）的上升/下降时间 t_r 为 90ns 或 100ns，频谱宽度 BW 为 3MHz 或 6MHz，实际辐射频率范围仅为 30MHz 或 60MHz，所以 ECL 器件应列为首选。

还可以根据集成电路电磁兼容试验标准 IEC 61967 进行选型。

IEC 61967 标准，包括以下 6 个部分：

1）通用条件和定义。

2）辐射发射测量方法——横电磁波小室（TEM Cell）法。

3）辐射发射测量方法——表面扫描法。

4）传导发射测量方法——1Ω/150Ω 直接耦合法。

5）传导发射测量方法——WFC（workbench faraday cage）法。

6）传导发射测量方法——探针法。

人们普遍认为在印制电路板设计时，需要考虑的关键问题是时钟频率。其实，时钟波形的上升时间 t_r 才是最关键的因素。波形上升时间定义为从波形的 10% 上升到 90% 处所需要的时间，可以用电流变化和时间变化之比 di/dt 表示一个变化很快的电流，dt 等于电流的上升或下降时间 t_r。

傅里叶定理指出：任何波形都可以通过足够数量的正弦波叠加得到。方波可表示为余弦波的无穷序列，这个余弦序列只含有奇次谐波，则

$$\mathrm{Square}(\theta) = \cos(\theta) - [\cos(3\theta)/3] + [\cos(5\theta)/5] - [\cos(7\theta)/7] + \cdots \tag{2-2}$$

式（2-2）中的每一项都代表基波频率的一个谐波。使用的谐波数量越多，得到的波形就越接近方波。在印制电路板设计时，如果在走线的一端输入方波，希望在另一端也得到方波，则所设计的印制电路板不仅必须能处理基频，还必须能处理信号所包含的全部谐波分量，至少 15 次谐波。当余弦序列中包含的项直至 101 次谐波时，波形才接近方波。这就是为什么时钟频率并不重要，二波形的上升时间和需要产生的谐波才是重要的。描述这个要求的词语就是频谱带宽 BW，即最高频率分量。

在 EMC 设计时，首先从分析和测量敏感度和电磁发射两种途径对集成电路做出选型，就可以为产品通过电磁发射试验和电磁抗扰度试验打下良好的基础，否则将埋下隐患。

2.7.3 ΔI 噪声电流和瞬态负载电流

1. ΔI 噪声电流的产生和危害

在数字电路的信号完整性（signal integrity）问题中，一个很重要的组成部分是 ΔI 噪声电流问题，也称地线跳跃（ground bounce）问题。其产生和进行干扰的基本机理是：当逻辑电路工作时，它内部的门电路将会发生"0"和"1"的变换，实际上是输出高、低电平之间的变换。在变换的过程中，该门电路中的晶体管（对于 TTL 电路是三极管，对于 CMOS 电路是场效应晶体管）将会发生导通和截止状态的转换，会有电流从所接电源流入门电路或从门电路流入接地线，从而使电源线或接地线上的电流产生不平衡，发生突变，这个突变的电流就是 ΔI 噪声的源，亦称为 ΔI 噪声电流。由于电源线和接地线存在一定的引线电感，而电感中的电流不允许突变，必将产生反电动势，即电流的突变将通过引线电感引起尖峰电压，并引发其电源电压的波动，这个电源电压的变化就是 ΔI 噪声电压，会引起误操作并产生传导干扰和辐射干扰。

由于在集成电路内，多个门电路共用一条电源线和接地线，所以其他门电路将受到电源电压变化的影响，严重时会使这些门电路工作异常，产生运行错误。这种 ΔI 噪声电流也可称为芯片级 ΔI 噪声电流。同时，在一块数字印制电路板上，常常是多个芯片共用同一条电源线和接地线，而多层数字印制电路板则采用整个金属薄面作为电源线或接地线，这样一个芯片工作引发的 ΔI 噪声电流将通过电源线和接地线干扰其他芯片的正常工作，这就是电路板级 ΔI 噪声电流。图 2-5 所示为 4 个门组成的数字电路。在门 1 翻转之前，它输出高电位，而且门 1 和门 3 之间的驱动线对地电容 C_S 充电，其值等于电源电压。

当门 1 由高电位向低电位翻转时，将有电流 $\Delta I = I_{\mathrm{P}}$，由门电路注入接地线，$C_{\mathrm{S}}$ 的放电电流 $\Delta I_2 = I_{\mathrm{L}}$ 也将注入接地线。设前者为在 2ns 内引起的电流变化为 4mA，由于引线电感 L 的作用，在门 1 和门 2 的接地端产生尖峰电压，引起电源电压的波动，即 ΔI 噪声电压 U。设引线电感 L 为 500nH，则有电源电压的波动为

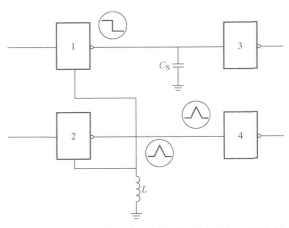

图 2-5　当门 1 由高电位向低电位翻转时产生的噪声

$$U = -\frac{\mathrm{d}i}{\mathrm{d}t} = 500\mathrm{nH} \times \frac{4\mathrm{mA}}{2\mathrm{ns}} = 1\mathrm{V} \quad (2\text{-}3)$$

如果门 2 输出低电平，该尖峰脉冲耦合到门 4 的输入端，造成门 4 状态的变化。所以，电压不仅引起了传导和辐射发射，还会造成电路的误操作，若想减少 ΔI 噪声电压，需要减少引线电感。

ΔI 噪声电压对数字电路有如下危害：

1）影响同一芯片内其他门电路的正常工作。如果 ΔI 噪声电压足够大，将使门电路的工作电源电压发生较大的偏移，从而使芯片工作异常，发生错误。

2）影响其他芯片的运行，一个芯片产生的 ΔI 噪声将沿着电源分配系统传导，从而使其他芯片工作异常，发生错误。

3）使门电路的输出发生波形扭曲变形，从而增加相连门电路的工作延迟时间，严重时可使整个电路的机器工作周期发生紊乱，导致工作错误。

4）造成严重的电磁干扰发射。

随着集成电路运行速度日益提高，集成电路芯片和数字印制电路板的集成度日益增大，ΔI 噪声的干扰日趋明显，过去忽略 ΔI 噪声电压的电路设计方法已不能适应现代数字电路的发展，所以急需投入力量研究 ΔI 噪声电压的特性，以期得到抑制 ΔI 噪声电压的电路设计方法，对于目前广泛应用的 CMOS 电路更是如此。

2. 瞬态负载电流与 ΔI 噪声电流的复合

瞬态负载电流 I_{L} 为

$$I_{\mathrm{L}} = C_{\mathrm{S}}\frac{\mathrm{d}U}{\mathrm{d}t} \quad (2\text{-}4)$$

式中，C_{S} 为驱动线对地电容与驱动门输入电容之和；$\mathrm{d}U$、$\mathrm{d}t$ 分别为典型输出翻转电压和翻转时间。

使用单面板时，驱动线对地电容为 0.1 ~ 0.3pF/cm，使用多层板时为 0.3 ~ 1pF/cm。当典型输出翻转电压为 3.5V，翻转时间为 3ns 时，设单面板上驱动线长度为 5cm，门电路共 5 个端口，每个端口输入电容为 $5 \times 10^{-12}\mathrm{F}$，则瞬态负载电流为

$$I_{\mathrm{L}} = (5\mathrm{cm} \times 0.3\mathrm{pF/cm} + 5 \times 5\mathrm{pF}) \times 3.5\mathrm{V}/3\mathrm{ns} \approx 30.9\mathrm{mA}$$

当驱动线较长，使它的传输延迟超过脉冲上升时间时，瞬态负载电流可表示为

$$I_{\mathrm{L}} = \frac{\Delta U}{Z_0} \quad (2\text{-}5)$$

式中，ΔU 为翻转电压；Z_0 为驱动线特性阻抗。

设 $Z_0 = 90\Omega$，$\Delta U = 3.5\text{V}$，则有 $I_L = (3.5/90)\,\text{A} \approx 39\text{mA}$。瞬态负载电流 I_L 与 ΔI 噪声电流将发生复合。由于逻辑器件发生导通和截止状态的转换时，ΔI 噪声电流总是从所接电源注入器件，或由器件注入接地线。而瞬态负载电流 I_L 则不然，当脉冲从低到高翻转时，I_L 为正，与 ΔI 噪声电流叠加；当脉冲从高到低翻转时，I_L 为负，与 ΔI 噪声电流抵消。逻辑器件工作时的传导干扰电流和辐射干扰场，在很高的开关速度和存在引线电感和驱动线对地电容时，将产生很高的瞬态电压和电流，它们是传导干扰和辐射干扰的初始源。

克服办法：减小 L、C_S、ΔI、ΔU，增加 $\text{d}t$ 即 t_r。为此，应优选多层板，尽可能减小引线电感 L。此外，还应减小驱动线对地分布电容和驱动门输入电容。正确选择信号参数和脉冲参数等。安装去耦电容，也是抑制 ΔI 噪声电流的一种方法。

2.8　有源器件的噪声系数

讨论有源器件噪声之前，已介绍了噪声的特性和测量等一般性问题。这些综合分析提供了噪声参数标准的设置，可以用于分析不同器件中的噪声。器件噪声分析的一般方法是：噪声系数、使用噪声电压和噪声电流模型。

噪声系数的概率作为评价真空管中的噪声的方法是在 20 世纪 40 年代提出来的。尽管有几个严格限制，目前这种概念仍然被广泛使用。

噪声系数 F 是比较一个器件与理想器件（没有噪声）噪声特性的参量。可以定义为

$$F = \frac{\text{实际器件输出的噪声功率}(P_{no})}{\text{理想器件输出的噪声功率}}$$

理想器件输出的噪声功率是源电阻的热噪声功率。测量有源噪声功率的标准温度是 290K。因此，噪声系数可以写为

$$F = \frac{\text{实际器件输出的噪声功率}(P_{no})}{\text{有源噪声输出的功率}}$$

噪声系数的等价定义为输入信噪比除以输出信噪比

$$F = \frac{S_i/N_i}{S_o/N_o} \tag{2-6}$$

这些信噪比必须是功率的比值，除非输入阻抗等于负载阻抗，在这种情况下它们可以是电压的二次方、电流的二次方或者功率的比值。

所有的噪声系数测量必须用源电阻，因此开路输入噪声电压等于源电阻 R_S 的热噪声电压

$$U_t = \sqrt{4kTBR_S} \tag{2-7}$$

式中，k 为玻尔兹曼常数；T 为热力学温度；B 为噪声带宽。

在 290K 时

$$U_t = \sqrt{1.6 \times 10^{-20} BR_S}$$

如果器件具有电压增益 A，定义为 R_L 两端测量的输出电压与开路有源电压的比值，那么由于 R_S 内的热噪声，输出电压的分量为 AU_t。R_L 两端测量的总输出噪声电压用 U_{no} 表示，噪声系数可以写为

$$F = \frac{U_{no}^2/R_L}{(AU_t)^2/R_L} \tag{2-8}$$

或

$$F = \frac{U_{no}^2}{(AU_t)^2} \tag{2-9}$$

U_{no} 包括源噪声和器件噪声的影响。把式(2-7)代入式(2-9)，得

$$F = \frac{U_{no}^2}{4kTBR_S A^2} \tag{2-10}$$

从式(2-10)中可以看出噪声系数的三个特性：

1）噪声系数与负载电阻 R_L 无关。

2）噪声系数与源电阻 R_S 有关。

3）如果一个器件完全没有噪声，那么噪声系数等于1。

噪声系数用分贝表示，被称为噪声指数（NF），它定义为

$$NF = 10\lg F \tag{2-11}$$

定性的意义上，噪声指数和噪声系数是相同的，通常它们是可以互换的。

因为式(2-10)中分母有带宽项，所以噪声系数可以用下面两种方法测量：

1）点噪声在指定的频率用 1Hz 带宽测量。

2）综合或平均噪声用指定的带宽测量。

如果器件噪声是白噪声，并且先于电路的带宽限制产生，这时点噪声和综合噪声系数相等。这是因为随着带宽的增加，总的噪声和源噪声都以相同的因子增加。

噪声系数的概念有三个主要的限制：

1）增加源电阻可以减少噪声系数，但增加了电路的总噪声。

2）如果使用纯电抗源，噪声系数是没有意义的，因为源噪声为零，这使得噪声系数无穷大。

3）当设备噪声与源热噪声相比可以忽略时，噪声系数是两个几乎相等的数值之比。这种方法会产生不准确的结果。

只有当两个噪声系数使用相同的源电阻测量时，两者直接比较才具有意义。噪声系数随偏置条件、频率、温度以及源电阻变化，当确定噪声系数时，所有这些条件都要详细说明。已知某一源电阻的噪声系数并不能计算出其他源电阻的噪声系数，这是因为源噪声和器件噪声随源电阻改变。

第 3 章
接地设计

接地设计是电磁兼容设计的重要部分，良好的接地设计可以解决大约 50% 的电磁兼容问题。同时，接地设计与滤波设计、屏蔽设计相辅相成。因此，在电子电路的设计过程中必须将接地设计放在重要地位。

3.1 接地简介

3.1.1 接地的概念

所谓"地"，一般定义为电路或系统的零电位参考点、直流电压的零电位点或者零电位面，它不一定是实际的大地（建筑地面），可以是设备的外壳或者其他金属板或金属线。

接地原意指与真正的大地连接以提供雷击放电的通路（例如，避雷针一段埋入大地），后来成了为用电设备提供漏电保护（放电通路）的技术措施。现在接地的含义已经延伸，一般指为了使电路、设备或系统与"地"之间建立低阻抗通路，而将电路、设备或系统连接到两点作为参考电位点或参考点位面的良导体的技术行为，其中一点通常是系统的一个电气或电子元件，而另外一点则是称之为"地"的参考点。例如，当所说的系统组件是设备中的一个电路时，则参考点就是设备的外壳或接地平面。

3.1.2 接地的分类

通常，电路和用电设备按其作用可分为安全接地和信号接地，其中安全接地又分为设备安全接地、保护接地和防雷接地，信号接地又分为单点接地、多点接地、混合接地和悬浮接地，接地的分类见表 3-1。

表 3-1　接地的分类

安全接地	信号接地
设备安全接地	单点接地
保护接地	多点接地
	混合接地
防雷接地	悬浮接地

3.2 安全接地

3.2.1 设备机壳接地

1. 安全电压与安全电流

安全电压是指不使人直接致死或致残的电压，一般环境条件下允许持续接触的安全电压

25

是 36V。安全电压需满足三个条件：

1）交流电压不超过 50V，直流电压不超过 120V。

2）由安全隔离变压器供电。

3）安全电压电路与供电电路及大地隔离。

人体的安全电流为交流时 15～20mA，直流时 50mA。当人体通过 0.6mA 的电流时，会引起麻刺的感觉，通过 20mA 的电流就会引起剧痛和呼吸困难；通过 50mA 的电流就有生命危险，通过 100mA 以上的电流就能引起心脏麻痹、心房停止跳动，直至死亡。电击对人体的危害程度，主要取决于通过人体电流的大小和通电时间的长短，电流强度越大，致命危险越大；持续时间越长，死亡的可能性越高。

我们都知道人体有一定电阻，但电阻的数值并不固定。在干燥的环境下，人体皮肤电阻相当高，约 10 万 Ω。皮肤出汗时，人体电阻便下降为 1000Ω 左右。而我国标准供电电压是 220V 或 380V，倘若人体不慎接触漏电设备，在没有接地情况下，电流将直接经过人体流入地面，会造成严重的触电伤害。

2. 设备安全接地

用电设备在使用过程中不可避免地会出现磨损、老化、生锈、变潮湿等现象，这些因素可能会导致带电设备出现漏电、静电荷积累、电弧击穿等危险情况。

设备机壳接地就是把设备的金属外壳和正常情况下不带电的金属部件利用导体和大地连接，使金属外壳、金属部件与大地保持同一电位，这样当设备故障时，金属外壳、金属部件的漏电电流可导入大地，人接触到这些部件时不会有触电的危险。

前文已经讲过，人体电阻在 1000Ω 以上，设备机壳也有一定电阻，但这个电阻较小，一般规定为 5～15Ω。当人体接触因漏电而带电的设备外壳时，人体支路与接地支路并联。绝大部分漏电电流将通过接地支路流通，则流经人体的电流会降至原来的 1/100 以下，这样就起到了保护作用。

3.2.2　防雷接地

雷电是伴有闪电和雷鸣的一种自然现象，可以分为线形闪电、链形闪电、球形闪电等。雷电的产生与自然界的地形以及气象条件有关，若防护不当，可能会对电子设备造成很大伤害。根据 GB 50057—2010《建筑物防雷设计规范》，为防止雷击，通常在高层建筑安装避雷针或避雷器。避雷针通过钢筋直连入地，避雷器通过专用接地线入地。需要注意的是，避雷器的接地线决不能与其他设备的接地线相连，只能单独入地，避免闪电通过接地线损害其他电子设备。

雷击保护装置的目的是把直接雷击引入大地，以使被保护的设备不受或者减少损坏。例如，安装在天线杆、建筑物上的天线，或者进入建筑物中的电源/信号线都要有雷击保护装置。

建筑物可以用安装在建筑顶部的一个带有短直棒的避雷网加以保护。该网由垂直导体接入大地。假如建筑物框架是钢结构，那么钢桩可以用作垂直导体。避雷器的目的并不是用来释放一个雷电云，而是把雷击从要加以保护的结构转移到雷击保护装置上。典型的避雷器具有比建筑物本身高的对地导电性，并且装置在高度上高于建筑物。因此在建筑物的位置上，遭到雷击的可能性要比没有避雷器时低。所以，在安装避雷器时，要确保它有能力承受 25000A 甚至 30000A 的直接雷击，而不是安装只有减少雷击可能性的装置。

使用尖的避雷器的最初意图是耗散结构周围的电荷，使得电荷产生的电场不会被大气中产生的电流击穿，但后来很快发现，情况相反，那些带有尖端的棒的雷击次数反而增加了，但大部分雷击保护装置都是这种类型。如今，电子设备使用明显地增加，由于雷击造成的灵敏设备失灵或者毁坏的事件也随之增加。此时，如何把雷击产生的感应大电流引离灵敏电子设备的想法就更有吸引力了。通过使用一个耗散阵系统（DAS）或者一个电荷转移系统（CTS）应该可以做到这一点。这些系统的理论基础是：由于系统周围大气的电离，这些系统将引起来自接地系统的电流通过。从系统进入大气的电流越多，以及该电流维持的时间越长，空间电荷就越高。空间电荷的增加将会减弱电场，因此大气击穿的可能性也就降低了。早期的分析显示，伞状物的尖锐点数量比较大。这些系统已经在使用，但关于它们的效果几乎没有资料可查询。虽然在 DAS 安装前后雷击发生的可能性是相同的，但这个结果被归结为是由于 DAS 没有按照制造厂商的要求进行安装以及建筑本身的建筑条件所造成的。现在商用的另一个雷击接地系统是把一个镀金的球形物安装在最高处，并且与一个同轴雷电导体相连接。这个系统是通过计算将其模型化，然后做成一个小物理尺寸的传输线模型，并用雷电发生器进行了试验。不论是在计算机上的模型，还是缩小尺寸的实际模型上，都没有发现任何比使用实心接地线更有优势。

3.2.3　安全接地的有效性

1. 选择接地材料的因素

接地的主要目的是使电子设备与大地构成一个低阻抗电流通路，因此接地的有效性主要取决于接地电阻的大小，电阻越小接地效果越好。接地电阻的大小与很多因素有关，比如接地导体的材料、形状、环境温度、湿度等。

这里先讨论接地导体的材料如何选择。选择接地材料的关键因素是导体的热稳定性、导体在土壤中的腐蚀情况、导体的导电性及价格成本。下面对这几方面进行相应的阐述。

（1）热稳定性

在实际的接地系统中，当系统发生短路时，流入接地网中的短路电流瞬时峰值可达几千安到几十千安，这样高强度的短路电流通过接地电极向土壤中扩散，会在电极中产生非常高的瞬时热量。另外由于短路时间很短，短时间内产生的电流来不及转移至周围土壤介质，这些热量几乎都转化为导体的热能，使导体温度上升。温度的变化为

$$\Delta T = \frac{E}{V \rho C_P} \tag{3-1}$$

式中，E 为短路电流产生的能量；V 为接地导体的体积；ρ 和 ΔT 分别为导体的电阻率及吸收能量 E 后的温差；C_P 为导体的定压比热。

导体的热稳定性取决于短时允许最高温度及熔点温度。钢的短时最高允许温度为 400℃，熔点为 1550℃。铜的短时最高允许温度为 300℃，熔点为 1083℃。因此，铜的热稳

定性没有钢好。

（2）导体在土壤中的腐蚀性

金属埋在土壤中会逐渐被腐蚀，这种土壤腐蚀属于电化学范畴，溶有盐和其他矿物质的土壤会起到电解质溶液的作用。在腐蚀作用下导体直径不断减小，会导致接地网热稳定性与导电性不断下降。超过设计年限接地网就会腐蚀断裂，形同虚设。因此，选择接地导体耐腐蚀性非常重要。

（3）导体的导电性

由于铜的电阻率大约是钢的1/8，在同样的短路电流下，铜的发热要少很多，但由于纯铜价格非常高，因此一般使用合金金属制作接地器件。常见的合金材料中，导电性排序为：纳米碳扁钢 > 镀铜钢 > 镀锌钢。

（4）综合比较

接地器件现在主要采用铜导体、镀锌钢导体、镀铜钢导体、纳米碳扁钢导体。下面通过表3-2对它们的综合性能进行比较。

表3-2　综合性能比较

材　料	热稳定性	电导率	耐腐蚀性	价　格
铜	差	好	好	高
镀锌钢	好	差	差	便宜
镀铜钢	好	好	好	适中
纳米碳扁钢	好	好	好	适中

从价格上分析，铜的价格约为钢的10倍，铜的导电和耐腐蚀性比钢强，采用铜接地时接地导体不用考虑腐蚀，因此接地导体只要满足热稳定性要求就可以。另外，采用铜接地无后期维护费用，但是造价较高。钢的热稳定性比铜好，且更经济，一般使用寿命为10～15年，但要考虑后期维护和地网的运行安全。

从性能上分析，铜的电导率约为钢的8倍，因此铜截面可比钢小，铜的耐腐蚀性优于钢，在同等条件下，其使用寿命比钢长，从长远利益看，采用铜导体减少了后期维护费用，年平均费用低。目前国内普遍采用的接地网材料是铜和钢两种，而国外大部分采用铜及电镀铜的钢导体，尤其是镀铜钢棒因其综合性能好而被广泛用于接地材料。

2. 常用人工接地体的接地电阻计算公式

接地电阻计算公式中常包括的参数见表3-3，计算公式见表3-4。

表3-3　参数介绍

参　数	含　义
R	垂直接地极的接地电阻（Ω）
ρ	土壤电阻率（Ω·m）
l	垂直接地极的长度（m）
d	接地极用圆钢管时，圆钢管的直径（m）

表3-4　接地电阻计算公式

类型	计算公式	示意图
直立圆钢接地体	$R = 0.366\dfrac{\rho}{l}\left(\lg\dfrac{2l}{d} + \dfrac{l}{2}\lg\dfrac{4t+l}{4t-l}\right)$	$l \gg d$ $l > d$
直立角钢接地体	$R = 0.366\dfrac{\rho}{l}\left(\lg\dfrac{2l}{0.7\sqrt[4]{bh(b^2+h^2)}} + \dfrac{l}{2}\lg\dfrac{4t+l}{4t-l}\right)$	$4t/l > l$ $b \ll l$ $h \ll l$
直立槽钢接地体	$R = 0.366\dfrac{\rho}{l}\lg\dfrac{2l}{0.92\sqrt[9]{b^2h^3(b^2+h^2)^2}}$	$4t/l > l$
直立扁钢接地体	$R = 0.366\dfrac{\rho}{l}\left(\lg\dfrac{4l}{d} + \dfrac{l}{2}\lg\dfrac{4t+l}{4t-l}\right)$	$b \ll l$
平放圆钢接地体	$R = 0.366\dfrac{\rho}{l}\lg\dfrac{l^2}{tb}$	$tb < l$

（续）

类型	计算公式	示意图
平放扁钢接地体	$R = 0.366 \dfrac{\rho}{l} \lg \dfrac{2l^2}{tb}$	
平放圆板接地体	$R = 0.25 \dfrac{\rho}{D}$	
平放矩形接地体	$R = 0.22 \dfrac{\rho}{\sqrt{bh}}$	
平放正方形接地体	$R = 0.22 \dfrac{\rho}{a}$	
扁钢方环接地体	$R = 0.366 \dfrac{\rho}{u} \lg \dfrac{11u^2}{tb}$ （u 为周长）	

3.3 信号接地

一个理想的信号地被定义为：一个作为参考点的等电位平面。实际上，一个信号地是被用来作为电流回流到信号源的一个低阻抗通路。因为已知所有的导体都会呈现阻抗，所以当电流在接地导体中流动时会产生一个电压降。一个好的信号接地方案会限制其通路的阻抗以及电流流通的幅值。脉冲电流产生的主要原因是信号的开关电流以及（数字）集成电路器件改变其状态时，其电源电流的改变，还有这些电流在电源回路中产生的回流。一个携带 RF 电流（信号或者电源线噪声）的导体越是靠近一个导电地平面，电感和电容串扰就越低。要使该平面有效，并不需要把它接地或接到信号电源回路。然而，不接地的接地平面将会在它与其他地平面和其他接地结构之间建立电压，其结果会导致辐射耦合或串扰。

图 3-1 是不同信号接地方式的分类图。

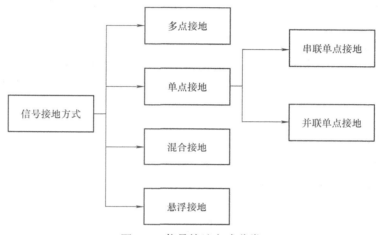

图 3-1　信号接地方式分类

在低频电路中，信号的工作频率小于 1MHz。当工作频率在 1～10MHz 时，如果采用单点接地，其接地线长度不应超过波长的 1/20，否则应采用多点接地。表 3-5 展示了单点接地与多点接地的不同。

表 3-5　单点接地与多点接地

接地方式	条　　件	原　　因
单点接地	主要应用于低频电路，信号工作频率小于 1MHz，且接地线长度不应超过波长的 1/20	布线与器件间的电感影响较小，而接地电路形成的环流干扰影响较大，因而应采用单点接地
多点接地	信号工作频率大于 10MHz	当信号工作频率大于 10MHz 时，接地线阻抗变得很大，此时应尽量降低接地线阻抗，应采用就近多点接地

信号接地准则为：只要在可行的地方，设备之间的地应该是直流或低频隔离的，通常是在接口的输入（接收器）端。这种隔离可用电容器、变压器、高输入阻抗放大器以及光隔离器来完成。

一个电路的高功率级应该接到最近的单点接地点，而最灵敏的电路应最远离单点接地点。这确保了电源电路电流不会流入灵敏电路使用的地连接，从而使干扰的危险以及低频不稳定性降至最低。在音频电路中，这种不稳定性有时称为汽船声。

我们总是把去耦合电容回路接到适当的接地点。也就是说，假如一个 +10V 电源被用作数字电路电源，不要把一个连接到 +10V 的去耦合电容回路接到模拟地或者其他地。只要可能，就应把不同种类的地分开。因为总是可以在以后需要时再连接起来，同时也可以将可变通性设计进接地方案中。用 0Ω 电阻或跨接线来完成接地线间的连接，这样当不需要时可以把它们移去。把接地区域安置在 PCB 上，因此 PCB 可以通过接地线带连接到安装在其上的不接地 PCB、记忆模片、PCMCIA（个人计算机存储卡国际协会）卡、框架、导电构件等。

当在电路、后背板和 PCB、PCB 到 PCB 以及同一 PCB 上不同位置的接地之间存在数字或瞬态信号接口时，总是用可靠的低阻抗信号接地连接。把信号和接地线尽可能地靠近，并且在 PCB 的布局上要保持接地线直接处于信号印制线条之下，而且在地平面中不允许有像插件槽这类的中断。

不同系统接地的基本原则不同，在系统中所使用的来自制造厂商生产的设备，经常把数字和模拟、视频地与机壳相连，并且考虑安全的原因，还会把 AC 安全地与机壳相连。因此，一个单点接地方案可能是不实际的。在其他单元系统中，多点接地是被优先推荐的方法。

3.3.1 悬浮接地

悬浮接地又称浮地，这种接地方式将设备电路的信号接地系统与安全接地系统、机壳接地系统以及其他导电物体相互隔离开来，如图 3-2 所示。

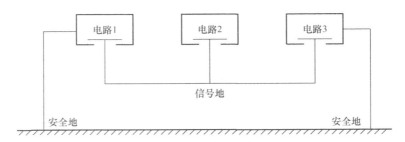

图 3-2 悬浮接地示意图

悬浮接地系统中，各设备单元的电路参考地相互与信号地连接到一起，但信号地与其他导体通过变压器耦合或者不直接连接，处于悬浮状态。这种设计可以避免安全接地电回路中的干扰电流影响信号接地回路，同时要注意的是设备内部电路参考地与设备机壳也要隔离，防止机壳中的电流耦合至信号回路中。这样的设计主要应用于接地线或附近导体中有大干扰电流影响的电路系统。

设计悬浮接地要注意以下几点：

1）悬浮接地的设计有效性主要取决于悬浮接地系统与接地系统的隔离程度，在实际系统中往往很难做到理想的隔离。因此在设计时，应尽量增加悬浮接地系统的对地绝缘电阻，以降低进入悬浮接地系统的共模干扰电流。

2）在高频情况下，往往难以实现真正的悬浮接地。当悬浮接地系统靠近高压设备、电路时可能堆积感应静电电荷，引起静电放电，形成干扰电流。在强电磁场环境下甚至会形成电弧，使操作人员有生命危险。悬浮接地系统一般不适用于通信系统中的电子产品。

3）悬浮接地技术必须与屏蔽、滤波等电磁兼容技术结合应用，才能收到更好的预期效果。

3.3.2 单点接地

单点接地只有一个接地点，所有电路的接地线都必须连接到这一接地点上，以该接地点作为所有电路的零电位参考点。

当设备是由与输入电源电路相隔离的二级电源（即 +5V，±15V）供电时，就设备本身而言，二级电源电路与机壳相连接的那一点被考虑为单点接地点。当设备直接使用 DC 电源时，电源线输入滤波器后面的那一点，习惯上该点可以被认为是设备中不同信号接地的连接点。

就单点接地而言，从可供选择的位置中挑选这样一个点：就结构上讲，该点靠近一个射频器件，而该器件又把电源电路和信号电路连接到它的导电屏蔽罩；或者该点在一个信号接口处，而在该处信号回路与机壳相连接；另外就是该点在模拟接地与数字接地连接在一起的一个 A/D 转换器处。

就设备内部而言，在电源处经常进行单点接地，选择该处的优点是使得由电源产生的 C/M 电压在地连接处被短路掉了，其缺点则是在不违背接地准则情况下，呈现在电路板以及接口信号进入点上的共模电压，并不会因为把该回路接到屏蔽罩而被短路掉。一个解决办法是当电源电路与罩壳隔离时，用带有一个 L 型和 T 型滤波器的电源降低来自该电源的 D/M 和 C/M 噪声。那时，单点接地可以在接口电路上完成。在这个方案中，不论在电路板上产生的以及由此流入该电路板地平面上的电源的噪声电流，还是流入信号电路印制线条的噪声电流，都会被 L 型或者 T 型滤波器的串联电感所降低。

单点接地又分为并联单点接地与串联单点接地。

1. 并联单点接地

图 3-3 为并联单点接地的示意图。图中 I_1、I_2、I_3 分别代表注入三条接地线的电流，R_1、R_2、R_3 分别代表三条接地线的等效阻抗。这时各分电路的接地线电位为：$U_1 = R_1 I_1$，$U_2 = R_2 I_2$，$U_3 = R_3 I_3$。

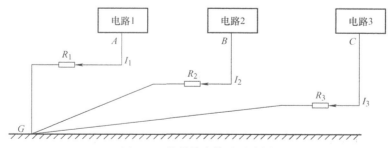

图 3-3　并联单点接地示意图

可以从以上公式看出：并联单点接地的优点是各电路的接地线电位只与本电路的接地线电流和接地线阻抗有关，完全不受其他系统的影响，可以有效防止不同电路系统的公共阻抗耦合和低频时的回路问题。

但这种结构设计也有缺点。首先，每个分系统均需一根接地线，当总系统很大时就需要很多接地线，这些地线之间相互耦合，高频时会产生较大的线间电容耦合与电感耦合。其次，铺设接地线过多会增加成本，而且占用过多的设备空间，增加电路系统的维护工作。基于此，人们设计出了串联单点接地法。

2. 串联单点接地

如图 3-4 所示，这种接地方法就是把各个分电路都连接到一根总的接地母线上，再把接地母线单独连接到大地。图中 I_1、I_2、I_3 分别代表三个电路系统注入接地线的电流，R_1 是 A 点到地的电阻，R_2 是 AB 段的电阻，R_3 是 BC 段的电阻。这样可以推导出 A、B、C 三点的电位为

$$\begin{aligned}
U_A &= (I_1 + I_2 + I_3) R_1 \\
U_B &= (I_1 + I_2 + I_3) R_1 + (I_2 + I_3) R_2 \\
U_C &= (I_1 + I_2 + I_3) R_1 + (I_2 + I_3) R_2 + I_3 R_3
\end{aligned} \tag{3-2}$$

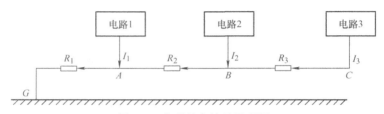

图 3-4　串联单点接地示意图

可以看出各接地点的电位不为零，且不同的分电路系统相互影响。这种电路结构的防噪声性能与抗干扰性能较差。但由于这种接地方式结构简单，成本较低，因此在实际生活中得到了较为广泛的应用。比如各种电子设备机柜，通常都是把不同的单元或插箱的信号接地线通过搭接条连接到公共接地母线上，同时这些接地线接头处要包好绝缘层，避免与金属机柜短接。

需要注意的是，为减小公共阻抗耦合，干扰最大的电路应靠近公共接地点。同时低电平、小电流的单元电路也应放在离接地点近的地方，避免放大信号对电路的影响。

3.3.3　多点接地

单点接地系统在 1MHz 以下电路能正常工作，当频率提高时，由于接地阻抗较大，电路中会产生较大的共模电压。当接地线长度超过 1/4 波长时，电路实际上是与大地隔开的，这就需要引入多点接地系统。

多点接地是指系统中各个需要接地的设备电路都直接接到距离它最近的接地平面上，使整个接地线的长度最短，如图 3-5 所示。这里所说的接地平面，可以是整个设备的底板，也可以是联通整个系统的接地导线，还可以是设备的结构框架。如果可能，还可以用一个大型导电物体作为整个系统的公共地。

多点接地是高频信号电路最为常用的接地方式。它的优点是电路结构比单点接地更简单，且能显著减小高频驻波现象。它的缺点是多点接地后，设备内部会增加很多地回路，它们对低电平的电路会形成传导耦合干扰，因此提高接地系统的质量就显得格外重要。

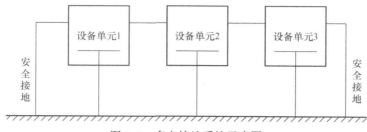

图 3-5 多点接地系统示意图

如图 3-6 所示，设图中每个电路设备的接地线电阻及电感分别为：R_1、R_2、R_3 与 L_1、L_2、L_3，则各电路对地的电位差为

$$U_1 = I_1(R_1 + j\omega L_1)$$
$$U_2 = I_2(R_2 + j\omega L_2) \qquad\qquad (3-3)$$
$$U_3 = I_3(R_3 + j\omega L_3)$$

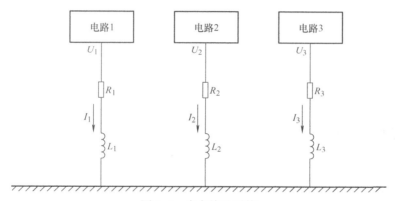

图 3-6 多点接地系统

可以看出要减小电路的地电位，就要尽量减小电阻与电感。在实际操作中，就要尽量缩短接地线长度，同时尽可能增大接地线的截面积。需要注意的是，在截面积相同的情况下，矩形截面导体比圆形截面导体有更小的阻抗，故通常使用矩形截面导体作为接地线带。

在高频电流下，由于趋肤效应，高频电流只流经导体表面，因此仅加大导体厚度不能起到降低阻抗的作用。为此，通常还要在接地线和公共地上镀银，提高其表面的电导率。

综上所述，单点接地适用于低频，多点接地适用于高频。一般来说，频率在 1MHz 以下可采用单点接地方式；频率高于 10MHz 应采用多点接地方式；频率在 1 ~ 10MHz 之间，可以采用混合接地（在电性能上实现单点接地和多点接地混合使用）。如用单点接地，其接地线长度应不大于 0.05λ 或更小。当然选择也不是绝对的，还要看通过的接地电流的大小，以及允许在每一接地线上产生多大的电压降。如果一个电路对该电压降很敏感，则接地线长度应不大于 0.05λ 或更小。如果电路只是一般的敏感，则接地线可以长些（如 0.15λ）。此外，为工作方便，接地线通常由接地引线引出。由接地引线"看进去"的阻抗是该接地引线相对于地平面的特性阻抗 Z 函数。而 Z 的大小又和接地引线与接地平面的相对位置有关。一般，接地引线与接地平面平行时，其特性阻抗较小；当两者相互垂直时，则 Z 较大。而 Z

较大，则"看进去"的阻抗较大。因此，当长度一定时，垂直于接地平面的接地引线其阻抗将大于平行于接地平面的阻抗，所以，要求垂直接地面的接地引线的长度应更短一些。

3.3.4 混合接地

实际的用电设备情况比较复杂，很难通过一种简单的接地方式解决问题，因此混合接地的实际应用更为普遍。如果电路的工作频带很宽，在低频时需采用单点接地，在高频时需采用多点接地，这时就可以采用混合接地的方法。所谓混合接地，就是把那些只需高频接地的电路设备用串联电容器把它们和接地平面连接起来。

如图 3-7 所示，设备 1 与设备 2 通过同轴电缆相互连接，设备 1 直接通过导线接地，设备 2 通过电容器接地。在低频时，电容器阻抗很大，整个设备为单点接地；在高频时，设备阻抗降低，故整个电路就变为两点接地了。这种接地方式适用于宽频带电路。

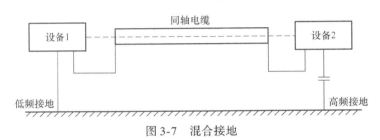

图 3-7　混合接地

3.4　屏蔽体接地

3.4.1　电缆屏蔽层的接地

在电磁兼容设计的一开始就要注重考虑接地设计，这是解决电磁兼容问题的最有效和成本最低的方法。设计良好的电缆屏蔽层接地，既能提高抗干扰度，又能提高电磁兼容性。

电缆屏蔽层大部分都为金属屏蔽体，要起到良好的屏蔽效果，就必须根据不同频率的传输信号对屏蔽的不同要求进行不同的接地设计。对于低频信号的电缆屏蔽层通常使用单点接地，对高频信号的电缆和电力电缆的屏蔽层至少在电缆两端接地，当然多点接地效果更好。

频率低于 1MHz 时，电缆屏蔽层的接地一般采用一端接地方式，以防止干扰电流流经电缆屏蔽层，使信号电路受到干扰。一端接地还可以避免干扰电流通过电缆屏蔽层形成地回路，从而防止磁场的干扰。电缆屏蔽层的接地点应根据信号电路的接地方式来确定。

1. 低频信号屏蔽层的接地设计

对于频率低于 1MHz 的低频接地系统，应根据信号源、负载放大器的接地情况来设计电缆屏蔽层的接地方式。

（1）信号源浮空、放大器接地

如图 3-8a 所示，U_S 为输入信号源，U_{g1} 为放大器公共端对地的电压，U_{g2} 为信号源与放大器两个接地端之间的电位差，C_1 与 C_3 是输入引线 1、2 与屏蔽层之间的分布电容，C_2 是两输入引线之间的分布电容。

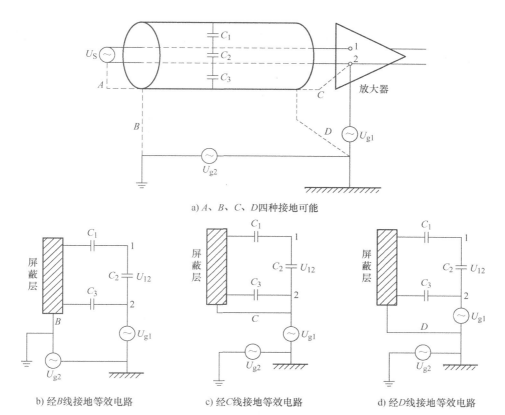

a) A、B、C、D 四种接地可能

b) 经 B 线接地等效电路　　　c) 经 C 线接地等效电路　　　d) 经 D 线接地等效电路

图 3-8　信号源浮空、放大器接地电路的低频信号电缆接地

电缆屏蔽层有 A、B、C、D 四种可能的接地方式，在图 3-9a 中已经用虚线标出。通过分析可以得出：

1）经过 A 线接地，将使屏蔽层上的噪声电流直接注入一根信号引线，在引线等效阻抗上产生一个与信号串联的噪声电压。由于屏蔽层的干扰电流会直接流入芯线，产生很强的串模噪声，因此 A 点接地不合适。

2）经过 B 线接地，U_{g1} 与 U_{g2} 在放大器输入端 1 与 2 之间产生的噪声电压为

$$U_{12} = \frac{\dfrac{1}{j\omega C_2}}{\dfrac{1}{j\omega C_1} + \dfrac{1}{j\omega C_2}}(U_{g1} + U_{g2}) = \frac{C_1}{C_1 + C_2}(U_{g1} + U_{g2}) \tag{3-4}$$

3）经过 C 线接地，U_{12} 不受 U_{g1} 与 U_{g2} 的影响，$U_{12} = 0$。

4）经过 D 线接地，U_{g1} 与 U_{g2} 在放大器输入端 1 与 2 之间产生的噪声电压为

$$U_{12} = \frac{\dfrac{1}{j\omega C_2}}{\dfrac{1}{j\omega C_1} + \dfrac{1}{j\omega C_2}}U_{g1} = \frac{C_1}{C_1 + C_2}U_{g1} \tag{3-5}$$

综上所述，对放大器一点接地的"信号源-电缆-放大器"电路系统，经 C 线通过放大器公共端电路为电缆屏蔽层的最佳接地点。

（2）信号源接地、放大器浮空

如图3-9a所示，A、B、C、D这4条虚线分别代表电缆屏蔽层的四种不同接线方式，分析方式与图3-9类似。

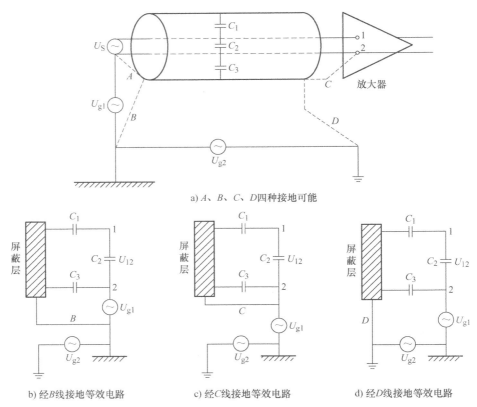

a）A、B、C、D四种接地可能

b）经B线接地等效电路　　　c）经C线接地等效电路　　　d）经D线接地等效电路

图3-9　信号源接地、放大器浮空电路的低频信号电缆接地

1）经过A线接地，会产生很强的串模噪声。

2）经过B线接地，U_{12}不受U_{g1}与U_{g2}的影响，$U_{12}=0$。

3）经过C线接地，U_{g1}与U_{g2}在放大器输入端1与2之间产生的噪声电压为

$$U_{12} = \frac{\dfrac{1}{j\omega C_2}}{\dfrac{1}{j\omega C_1} + \dfrac{1}{j\omega C_2}} U_{g2} = \frac{C_1}{C_1 + C_2} U_{g2} \tag{3-6}$$

4）经过D线接地，U_{g1}与U_{g2}在放大器输入端1与2之间产生的噪声电压为

$$U_{12} = \frac{\dfrac{1}{j\omega C_2}}{\dfrac{1}{j\omega C_1} + \dfrac{1}{j\omega C_2}} (U_{g1} + U_{g2}) = \frac{C_1}{C_1 + C_2} (U_{g1} + U_{g2}) \tag{3-7}$$

经分析，经B线通过信号源公共端电路为电缆屏蔽层的最佳接地点。

（3）信号源接地、放大器接地

如图3-10所示，若屏蔽层不接地，U_{g1}、U_{g2}与U_{g3}串联G_1—1—2—G_2—G_1中，形成地

回路噪声电流，它将在信号线 1－2 上产生压降，成为差模电压进入负载放大器。解决办法是：利用屏蔽层的电阻比信号线电阻小得多的特点，将屏蔽层屏蔽线两端分别与信号地端及负载放大器地端相连，使 U_{g1}、U_{g2}、U_{g3} 这 3 个噪声电压产生的回路电流主要被屏蔽层分流，从而达到较好的屏蔽效果。

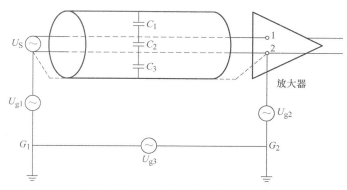

图 3-10　信号源接地、放大器接地的低频信号电缆接地

若在微弱信号测量等对电磁兼容要求较高的场合，可通过接入屏蔽良好的信号隔离电压器、平衡变压器、光耦合器或差动放大电路，破坏 G_1—1—2—G_2—G_1 地回路，从而达到较好的屏蔽效果。

2. 高频信号屏蔽层的接地设计

当频率高于 1MHz 或电缆长度超过信号波长的 1/20 时，常采用多点接地方式，以保证屏蔽层上的地电位。在高频信号下，由于趋肤效应，信号电流在屏蔽层内表面通过，噪声电流在屏蔽层外表面通过，减少了屏蔽层上信号电流与干扰电流的耦合，所以要用多点接地设计以保证屏蔽层上的低电位为 0。最常用的是两端接地。长电缆应在每隔 1/10 波长处接地一次。同轴电缆在高频时多点接地能提供一定的磁屏蔽作用。

高频时出现的另一个问题是，寄生电容的耦合也会形成地回路。这时电缆屏蔽层通过寄生电容实际上已被接地，若用一个小电容代替寄生电容，则可形成混合接地体（复合接地）。低频时，因小电容对低频的阻抗很高，电路是单点接地；高频时，小电容的阻抗变得很低，电路变成多点接地。所以，这种接地方法对宽带工作是有利的。

在实际设计中，在电缆不是很长时，电缆屏蔽层常采用两点接地。在电缆很长时，一般屏蔽层每隔 $\lambda/20$ 或 $\lambda/10$ 处接地一次，以降低屏蔽面的接地阻抗。

3.4.2　电路屏蔽盒的接地

1. 单层屏蔽盒接地

放大器电路常常被固定在金属容器内，一方面是为了免受外界的破坏，另外一方面是为了保护内部脆弱的电路元件免受电磁辐射的干扰。但屏蔽盒是怎么接地的呢？

图 3-11 所示为单层屏蔽盒接地点选择的原理分析。图 3-11a 是不接地时的等效电路图，图 3-11b 是实际被屏蔽的放大电路示意图，图 3-11c 是 A 点接地时的等效电路图，图 3-11d 是 B 点接地时的等效电路图。

当没有接地时，如图 3-11a 所示，寄生电容 C_{1S} 与 C_{3S} 使放大器的输出端到输入端有一反

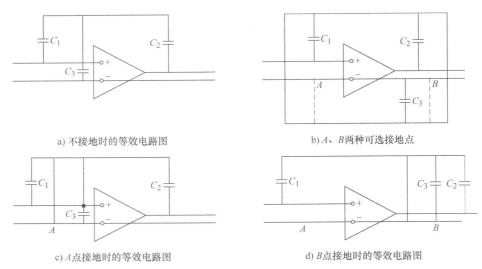

a) 不接地时的等效电路图　　　　　　　　b) A、B两种可选接地点

c) A点接地时的等效电路图　　　　　　　　d) B点接地时的等效电路图

图 3-11　单层屏蔽盒接地

馈通路，反馈到输入端的电压 $U_N = C_{3S} U_3 / (C_{2S} + C_{3S})$，其中 U_3 是放大器输出端的电压，U_N 是放大器输入端的干扰电压。这种反馈会使放大器产生自激振荡，破坏放大器的正常工作。

为了消除该反馈，就要进行接地设计。当放大器经 A 点与屏蔽盒连接时，如图 3-11c 所示，虽然把分布电容 C_3 短路，但放大器输出端的电流经 C_2 向输入端流动时会在输入端接地线电阻上产生寄生电压，形成反馈，影响放大器的正常工作。

当放大器经 B 点与屏蔽盒连接时，如图 3-11d 所示，分布电容 C_3 被短路，放大器反馈通道也随之消失，屏蔽盒可以起到良好的作用。

通过以上分析可知，为切断反馈通路，单层屏蔽盒的接地点应该选择在电路的输出端。

2. 双层屏蔽盒接地

在某些场合，高灵敏度电路需要采用双层屏蔽盒设计。在设计屏蔽盒接地位置时，必须考虑地电流的影响。

图 3-12 所示是三种接地方法。图 3-12a 与图 3-12b 是错误的，图 3-12c 是正确的。图 3-12a 与图 3-12b 由于电路与内屏蔽盒的连接点、内屏蔽盒与外屏蔽盒的连接点选择不当，当传输高频信号时，会产生具有趋肤效应的高频地电流，该电流沿屏蔽盒的流动形成严重的地环电流，产生严重干扰。而图 3-12c 由于电路与内屏蔽盒的连接点、内屏蔽盒与外屏蔽盒的连接点都在信号接地线的输出端，产生的地回路最短，将其干扰降到了最低，故图 3-12c 接法正确。

3.4.3　飞行器系统的接地

导弹、火箭、卫星、飞船等飞行器都是相对于陆地做高速运动的移动系统，它们内部都装备有密集而先进的电气、电子设备。为了保证系统内部设备、人员的安全和系统的电磁兼容性，必须为它们设置良好的接地系统。而这类系统的接地设计，与通常电气、电子设备的接地设计相比，有许多特殊问题需要考虑。

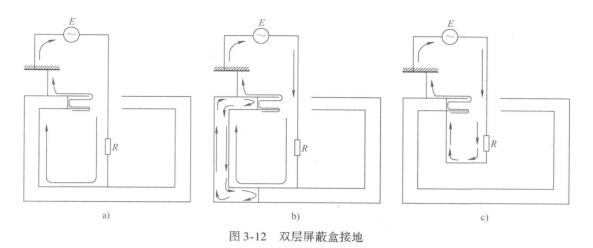

图 3-12 双层屏蔽盒接地

1. 飞行器接地的一般考虑

飞行器的接地是采用悬浮接地系统，因为它们与大地做相对运动，不可能连接大地。在这种接地系统中，所有的电气、电子设备或系统只有相对的零电位，通常以机壳（或机框架）作为地参考点。为了避免电流在机壳中循环流动，理想的情况是所有系统均以一个公共接地点为基准，但这样会造成接地线太长并且带来辐射问题。因此，在飞行器上需要提供几个系统接地点，即分组建立零电位，将小信号电路地、大信号电路地以及干扰源噪声地等分别设置，然后再连接到一个接地体上，以避免相互干扰。

由于飞行器不接大地，不利于防止外界环境的电磁干扰，如雷击、静电等，因此飞行器的基准电位应做以下考虑：

1）设备壳体应设计得具有很好的屏蔽作用，并设有壳体接地装置。凡是能产生电磁能量或对电磁场敏感的电气、电子设备或部件，均使其外壳与飞行器基本结构搭接，形成连续的低阻通路。

2）设备内部的电路系统应从电气上与设备壳体绝缘，并按分组接地的原则，相应建立分基准接地点，然后再接到飞行器的基准接地面上。

3）直流系统的中性线与交流系统的中性线应采用尽可能短的线连接，然后接到所在系统基准接地点上。

2. 飞行器射频接地考虑

由于飞行器采用悬浮接地系统，所以接地面建立在机壳（或机框架）的金属构件上。凡构成蒙皮的所有构件之间，蒙皮上的口盖、舱盖、检修门等，均应搭接在基本结构上，并在电气上提供一个低阻通路。因此，飞行器的蒙皮应设计成均匀的低阻抗通路。同时，对设备壳体、电源回路、系统基准接地面以及电缆屏蔽等都有一定的设计要求。

3. 飞行器避雷接地考虑

飞机在飞行过程中和航天器在发射或返回过程中有可能会遭受雷击。遭受雷击大体上有两种情况：一种是直接雷击，另一种是感应雷击。直接雷击破坏性很大，可能造成机毁人亡。感应雷击是飞机接近带有大量电荷的云层时，雷云将对飞机（或设备）壳体感应而产生大量的电荷，形成较高的电位，可能发生绝缘介质击穿而烧坏电子设备，也可能造成不连续的两点之间放电并产生火花，若发生在易燃易爆的危险区域内，将会引起火灾。因此，飞行器的整个壳体和基本结构应有连续的低阻通路，以便能让强大的雷击电流通过。搭接就是保证这个连续低阻通路的技术措施。同时，在电流流过的通路上不应产生过热的部位，缝隙之间不应发生电火花。

4. 飞行器静电接地考虑

飞行器在飞行中，会产生大量的静电荷并附着在其尖端（凸出）部位。虽然在飞行器的适当部位安装了一定数量的放电器，能使大量的静电荷（沉积静电）释放掉，但总会有一部分剩余的电荷，它所形成的电位比大地的电位高许多倍，因此飞行器在着陆时要有接地的装置，如接地刷或接地钢索。

3.5 地回路干扰及抑制

前文中多次引用多点接地技术，但实际上，只要电路系统中存在多点接地，就不可避免地会产生地回路问题，如图3-13所示。

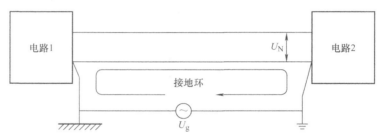

图3-13 两电路之间的接地环

图3-13中的电路1与电路2表示一个在两个不同点接地的系统，由于任何接地平台都不可能是零电阻的理想实体，都是有电阻、电抗的物理导体，当有地回路电流流过时，多点接地的不同接地点之间必然会存在压降，形成地电压。这样的结构通常会产生以下三个问题：

1）当外部时变电磁场耦合到回路时，必然会在其外部产生感应电动势。图中两个地之间的接地电位差 U_g 可能产生耦合噪声电压 U_N。上述的地电压和感应电动势，都将由地回路通过一定的耦合方式，对信号电路产生一定的干扰。

2）任意强的磁场可能感应噪声电压到信号线和地形成的回路中，该回路就是接地环。

3）信号电流具有多个返回路径，尤其在低频时，会流经地而不是由信号返回导线。

为了消除这些干扰，就要最大限度地抑制地回路电流。除了尽可能避免接入接地环，减小接地面积外，还可以采取一定的专门措施，本节着重介绍4种措施，分别是引入隔离变压器、纵向扼流圈、光电耦合器、差分平衡电路。

3.5.1 地电流与地电压的形成

电子设备一般采用具有一定面积的金属板作为接地面，由于各种原因在接地面上总有接地电流通过，而金属板两点之间总存在一定的阻抗，因而产生接地干扰电压。可见，接地电流的存在是产生接地干扰的根源。接地电流产生的原因主要有以下几种。

（1）导电耦合引起接地电流

用电设备中的各级电路不可能总采用单点接地，在许多情况下需要采用两点接地或多点接地，即通过两点或多点实现与接地面的连接，因此形成地回路，接地电流将流过地回路。

（2）电容耦合形成接地电流

由于电路元件、器件、构件与接地面之间存在寄生电容，通过寄生电容可以形成地回路，电路中总会有部分电流流到地回路中。

（3）电磁耦合形成感应电流

当电路中的线圈靠近设备壳体时，壳体相当于只有一匝的二次线圈，它和一次线圈之间形成变压器耦合，机壳内因电磁感应将产生接地电流，而且不管线圈的位置如何，只要通过壳体的磁通量变化，就会产生感应电流。

（4）金属导体的天线效应形成地电流

辐射电磁场照射到金属导体时，由于金属导体的天线效应，使金属导体上产生感应电动势，如果金属导体是箱体结构，那么由于电场作用，在平行的两个平面上将产生电位差，使箱体有接地电流流过，该金属箱体同回路连接时，就会形成有接地电流通过的电流回路。当采用传输线连接的设备置于地面附近时，外界电磁场作用于传输线，使传输线上形成共模干扰电压源，进一步在公共地阻抗上形成干扰电压。或者，通过传输线与接地面形成的导电回路中的电磁场随着时间变化，也会在传输线上形成干扰。

由上述分析可以看出，接地公共阻抗、传输线或者金属机壳的天线效应等因素，使地回路中存在共模干扰电压，该共模干扰电压通过地回路作用到受干扰电路的输入端，形成地回路干扰。

3.5.2　隔离变压器

如图 3-14 所示的电路中，在信号电路中引入隔离变压器，这样可以有效地阻断地回路形成，从而抑制地回路干扰。

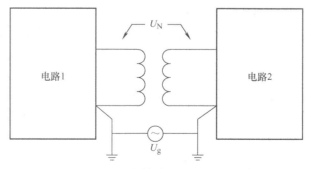

图 3-14　引入隔离变压器阻隔地回路

图 3-14 中的电路 1 的信号输出后经变压器耦合到电路 2，由于变压器的隔断，地回路就无法形成。但由于变压器绕组之间存在分布电容，低电压仍然可以通过此分布电容对电路形成干扰，其等效电路如图 3-15 所示。图中 U_S 为电路 1 输出的信号电压（等效电压源），其内阻设为零，U_g 为地回路干扰电压，C 为变压器绕组之间的分布电容，R_L 为电路 2 的输入

电阻，U_L 为 R_L 两端电压。

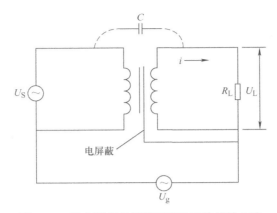

图 3-15　引入隔离变压器阻隔地回路等效电路

由电路中的线性叠加定理得，U_L 是 U_S 和 U_g 在 R_L 上产生的相应电压之和。在分析隔离变压器阻隔地回路干扰的效果时，可以令 $U_S = 0$，只考虑地回路电压 U_g 的作用。设 R_L 对 U_g 的响应电压分量为 U_{Lg}，则由等效电路可知

$$\frac{\dot{U}_{Lg}}{\dot{U}_g} = \frac{R_L}{R_L + \dfrac{1}{j\omega C}} = \frac{1}{1 + \dfrac{1}{j\omega C R_L}} \tag{3-8}$$

对式（3-8）取模可得

$$\left|\frac{\dot{U}_{Lg}}{\dot{U}_g}\right| = \frac{1}{\sqrt{1 + \left(\dfrac{1}{\omega C R_L}\right)^2}} < 1 \tag{3-9}$$

式（3-9）说明，采用隔离变压器后，地回路干扰电压 U_g 加到 R_L 上的电压 U_{Lg} 小于未采用隔离变压器时加到 R_L 上的干扰电压。两者比值越小，说明抑制干扰的能力越强，所以该式常用来表示隔离变压器抑制地回路干扰的能力。

由式（3-9）可以看出，为了提高隔离变压器抑制干扰的能力，应该尽量减小 $\omega C R_L$ 的值，使之远小于 1。而频率 ω 对一种特定的应用电路是无法改变的，减小 R_L 也不可取，因为 R_L 减小会影响信号的传输。因而，最有效的办法是减小变压器绕组间的分布电容 C。为此，往往在变压器的一次侧、二次侧之间加以电屏蔽。为了防止地回路电压 U_g 通过电屏蔽层与绕组之间的分布电容耦合到负载 R_L 造成干扰，电屏蔽层应连接到 R_L 的接地端，如图 3-15 所示。

3.5.3　纵向扼流圈

当传输的信号中有直流成分或很低的频率分量时，隔离变压器就失去作用了。因为采用隔离变压器会隔断直流和低频信号。如图 3-16 所示的纵向扼流圈可以通过直流或低频信号，对地回路共模干扰电流呈现出高阻抗，使其受到抑制。

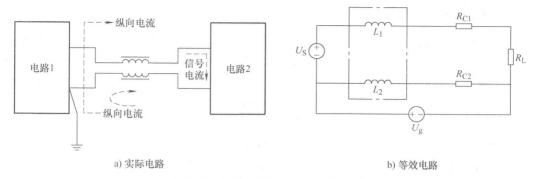

a) 实际电路　　　　　　　　　　　　　　　b) 等效电路

图 3-16　引入纵向扼流圈阻隔地回路

纵向扼流圈由两个绕向相同，匝数相同的绕组构成，一般采用双线并列绕制而成。电流信号在两个绕组中流过的方向相反，称为差模电流。该电流产生的磁场相互抵消，总体呈现低阻抗。故扼流圈不会遏制电流，更不会切断直流回路。接地线中的干扰电流经过两个绕组的方向相同，称为共模电流，产生的磁场同向叠加。扼流圈对地回路的干扰电流呈现高阻抗，从而起到遏制地回路电流的作用。

3.5.4　光电耦合器

光电耦合器的输入端为发光二极管，发光的强弱随输入电流而变化；输出端为光电晶体管，随着光的强弱变化而改变输出电流的大小。将发光二极管和光电晶体封装在一起，便构成了光电耦合器芯片。光电耦合器通过光强传输来控制电信号，完全切断了两个电路的地回路。这样，即使两个电路具有不同的电位，也不会造成干扰。

光电耦合器的原理图如图 3-17 所示。发光二极管发光的强弱随电路 1 输出信号电流的变化而变化。强弱变化的光使光电晶体管（或光敏电阻）产生相应变化的电流，作为电路 2 的输入信号。

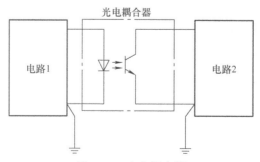

图 3-17　光电耦合器

在模拟电路中，由于电流与光强的线性关系较差，在传输模拟信号时会产生较大的非线性失真，故光电耦合器的使用受到限制。光电耦合器可以用于低噪声放大电路中。

光电耦合器对数字电路特别适用。光纤作为光电耦合器技术的提高和发展，被用来传输信息，从根本上消除了地回路耦合及其带来的电磁干扰。因此在强电磁干扰环境和微弱信号检测系统中，常常采用光纤作为信号传输线。

3.5.5 差分平衡电路

差分平衡电路有助于减小接地电路干扰的影响，因为差分器件是按照加在电路两输入端的电压差值工作的。当两输入端对地平衡时，即为平衡差分器件。图 3-18 为平衡差分器件示意图。输入电压 U_S 是差分器件的响应电压，地电压为干扰电压 U_g，两者同时加于两输入端，相应的噪声电流（用 $2i_g$ 表示）等量地加在两输入端。这是由于电路是平衡的，每一输入端（如图 3-18 中的 A、B 点）对地具有完全相同的阻抗。所以，总的输入干扰恰好相互抵消。这说明差分器件对地电路信号不发生响应。从理论上讲，外界干扰电压被抵消掉（这里假定 U_S 的内阻为零）。实际上，在差分器件或相关的整个电路中，总会存在某些不平衡，此时干扰电压 U_g 中的一部分将作为差分电压出现在等效电阻 R 上。这里的 R 表示 A 端和 B 端对地的漏电阻之差，即 $R = R_A - R_B$（平衡时 $R = 0$）。由于不平衡所引起的 U_g 的一部分 ΔU_g 将出现在差分器件的输入端。

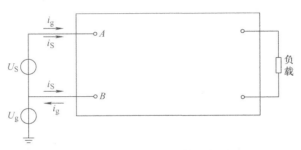

图 3-18 平衡差分器件示意图

图 3-19a 给出了最简单的差分放大器电路，图 3-19b 为计算其接地干扰的等效电路。

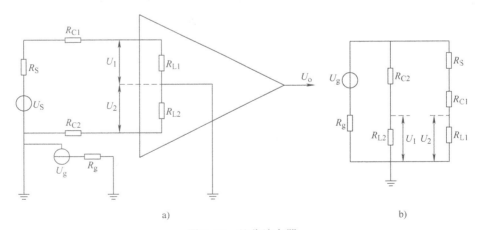

a)   b)

图 3-19 差分放大器

图 3-19a 中 U_g 为地干扰电压，放大器含有两个输入电压 U_1 与 U_2，输出电压为

$$U_o = A(U_1 - U_2) \tag{3-10}$$

式中，A 为放大器的增益。

当负载 R_L 远大于接地电阻 R_g 时，由等效电路图 3-19b 可得 U_g 在放大器输入端引起的干

扰电压为

$$U_N = U_1 - U_2 = \left(\frac{R_{L1}}{R_{L1} + R_{C1} + R_S} - \frac{R_{L2}}{R_{L2} + R_{C2}} \right) U_g \tag{3-11}$$

由式（3-11）可见，若信号源内阻 R_S 相对很小，且阻抗平衡，即 $R_{L1} = R_{L2}$，$R_{C1} = R_{C2}$。则 $U_N = 0$。

当放大器输入阻抗 R_{L1} 与 R_{L2} 增加时，可使 U_N 减小。例如在图 3-19 中，可以设 $U_g = 100\text{mV}$，$R_g = 0.01\Omega$，$R_S = 500\Omega$，$R_{C1} = R_{C2} = 1\Omega$。若 $R_{L1} = R_{L2} = 10\text{k}\Omega$，可以计算出 $U_N = 4.76\text{mV}$。如果 R_{L1} 与 R_{L2} 为 $100\text{k}\Omega$ 而不是 $10\text{k}\Omega$，则可以计算出 $U_N = 0.5\text{mV}$，此时 U_N 大约减少 20dB。

图 3-20 给出了差分电路减小 U_N 的改进电路。图中接入电阻 R 来提高放大器的输入阻抗，以减小地干扰电压 U_g 的影响，但没有增加信号 U_S 的输入阻抗。

图 3-20a 接地干扰的等效电路如图 3-20b 所示，设 R_{AB} 为图中 A、B 两点间的电阻，R_g 为接地电阻，一般有 $R_g \ll (R + R_{AB})$，此时 U_g 在放大器输入端引起的噪声电压为

$$U_N = U_1 - U_2 = \left(\frac{R_{L1}}{R_{L1} + R_{C1} + R_S} - \frac{R_{L2}}{R_{L2} + R_{C2}} \right) U_{AB} \tag{3-12}$$

U_{AB} 为 U_g 在 A、B 两点间产生的电压

$$U_{AB} = \frac{R_{AB}}{R_g + R + R_{AB}} U_g \tag{3-13}$$

由于 $U_{AB} \ll U_g$，因此计算得到的 U_N 将小于改进前所得到的 U_N。因此，对信号 U_S 而言，并没有增加输入阻抗。

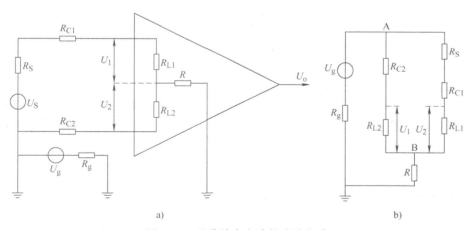

图 3-20　差分放大电路的改进电路

3.6　搭接技术

3.6.1　搭接的概念与基本准则

1. 搭接的概念

搭接（bonding）是指两个金属物体之间通过机械、化学或物理方法实现结构连接，以

建立一条稳定的低阻抗电气通路的工艺过程。搭接技术在电子、电气设备和系统中有广泛的应用。从一个设备的机箱到另一个设备的机箱，从设备机箱到接地平面，信号回路与地回路之间，电源回路与地回路之间，屏蔽层与地回路之间，接地平面与连接大地的地网或地桩之间，都要进行搭接。导体的搭接阻抗一般是很小的，在一些电路的性能设计中往往不予考虑。但是，在分析电磁干扰时，特别是在高频电磁干扰情况下，就必须考虑搭接阻抗的作用。

搭接的目的是建立信号电流的均匀和稳定通路，避免金属连接点之间产生电位差，从而导致电磁干扰；保证电源、信号的良好连接回路；减小装置之间的电位差，避免电磁干扰；控制装置表面流动的射频电流；建立安全保护、雷电保护、静电放电保护的可靠回路。

此外，良好搭接可以保护人身安全，避免电源与设备外壳偶然短路时形成的电击伤害等。因此，搭接技术是抑制电磁干扰的重要措施之一。

不良搭接影响电磁干扰抑制措施的实施效果。

1）电缆连接器与设备壳体的搭接能使电缆屏蔽获得最佳效果。如果没有搭接措施，或者搭接不良，连接器屏蔽效能将大为降低，不利于全部电缆的屏蔽完善性，也不利于维持电缆的低损耗传输特性。

2）电流通路上存在连接不牢固的搭接点，或者振动使搭接点松动，这样的搭接点会起到间歇式触点的作用。直流电流或工频交流电流通过这样的搭接点时，产生的放电火花也可能形成频率高达几百兆赫的干扰信号。

3）信号电路接地系统中，各个构件搭接不良会使接地措施形同虚设。不良搭接使搭接阻抗增加，在搭接处形成干扰电压降，破坏理想接地等电位的要求。

4）防雷电保护网络中，雷击放电电流通过不良搭接点时，会在搭接处产生几千伏的电压降，由此产生的电弧放电可能造成火灾或者引起其他危害。

5）工频交流供电线路中，如果存在松动的搭接点，就会在某些用电负载上产生很高的电压降，足以损坏用电设备。同时大电流通过搭接点时，使搭接点处发热致使绝缘破坏，轻则造成线路故障，重则引起火灾。

2. 搭接的基本准则

良好搭接需要遵循以下几条准则：

首先，所有搭接金属表面之间应该紧密接触。被搭接的表面接触区应该光滑，清洗干净并去除非导电杂物。非焊接时，两搭接体应加以紧固，以保证有足够的压力将搭接处夹紧，搭接应能耐受机械扭曲、冲击和振动。

其次，应尽量采用同类金属进行搭接，如果必须采用两种不同金属，须考虑腐蚀问题。腐蚀主要发生在阳极金属即电化学序列小的金属，所以设备主体金属应为电化学序列大的金属，或在两金属间插入可更换的垫片。

最后，在搭接前应使搭接面干燥，搭接后要做好防潮措施，必要时要在搭接面涂抹密封材料防锈、防腐蚀。采用搭接带时，应尽量用短搭接带，以保证低的阻抗，不要使搭接带在电化学序列中低于被搭接材料。搭接带应直接与结构材料搭接，不要通过邻近物体。不要用自攻丝螺栓，以免接触不良和增加电感。

3.6.2　搭接的方法

搭接的方法可分为永久性搭接（permanent joints）和半永久性搭接（semi-permanent joints）两种。永久性搭接是利用铆接（riveting）、熔焊（fusion welding）、钎焊（soldering）、压接等工艺方法，使两种金属物体保持固定连接。永久性搭接在装置的全寿命期内，应保持固定的安装位置，不要求拆卸检查、维修或者做系统更改。永久性搭接在预定的寿命期内应具有稳定的低阻抗电气性能。半永久性搭接是利用螺栓、螺钉、夹具等辅助器件使两种金属物体保持连接的方法，它有利于装置的更改、维修和替换部件，有利于测量工作，可以降低系统成本。

3.6.3　搭接的类型

搭接有很多类型，但基本上可归纳为两类：直接搭接和间接搭接。直接搭接是两裸金属或导电性很好的金属特定部位的表面直接接触，牢固地建立一条导电良好的电气通路。直接搭接又分为焊接、铆接、栓接。直接搭接的连接电阻的大小取决于搭接金属的接触面积、接触压力、接触表面的杂质和接触表面的硬度等因素。实际工程中，有许多情况要求两种互连的金属导体在空间位置上分离或者保持相对的运动，显然这一要求妨碍了直接搭接方式的实现。此时，就需要采用搭接带（搭接条）或者其他辅助导体将两个金属物体连接起来，这种连接方式称为间接搭接。间接搭接的连接电阻等于搭接条两端的连接电阻之和与搭接条电阻相加。搭接条在高频时呈现很大的阻抗。高频时多采用直接搭接；设备需要移动或者抗机械冲击时，需要用间接搭接。熔接、焊接、锻造、铆接、栓接等方法都可以实现两金属间的裸面接触。搭接前需要对搭接体表面进行净化处理，有时还在搭接体表面镀银或金来覆盖一层良导电层。

1. 焊接

焊接是通过焊接工序将两金属或其表面连接起来完成搭接，如图 3-21a 所示。对于需要永久连接的导体而言，焊接是一种比较理想的方法。通过焊接可以减少金属连接点在空气中的暴露面积，从而最大限度地避免金属连接点的锈蚀情况。

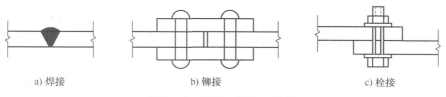

a) 焊接　　　　　　　b) 铆接　　　　　　　c) 栓接

图 3-21　焊接、铆接、栓接

2. 铆接

铆接即铆钉连接，是利用轴向力将零件铆钉孔内钉杆墩粗并形成钉头，使多个零件相连接的方法，如图 3-21b 所示。

铆接又分为冷铆和热铆两种。热铆紧密性较好，但钉杆与钉孔间有间隙，不能参与传力。冷铆时钉杆墩粗，胀满钉孔，钉杆与钉孔间无间隙。直径大于 10mm 的钢铆钉加热到 1000～1100℃进行热铆，钉杆上的单位面积锤击力为 650～800MPa。直径小于 10mm 的钢铆钉和塑性较好地有色金属、轻金属及合金制造的铆钉，常常用冷铆。

铆接的主要特点是：工艺简单、连接可靠、抗振、耐冲击。与焊接相比，其缺点是：结构笨重，铆孔削弱被连接件截面强度，可降低15%～20%，操作劳动强度大、噪声大，生产效率低。因此，铆接经济性和紧密性不如焊接。

目前由于焊接和高强度螺栓连接的发展，铆接的应用已经逐渐减少，只是在承受严重冲击或剧烈振动载荷的金属结构上或焊接技术受到限制的场合，如起重机机架、铁路桥梁、船舶、重型机械等方面尚有应用，但航空和航天飞行器现仍以铆接为主。此外，在非金属元件的连接（如制动闸中的摩擦片与闸靴或闸带的连接）中有时也采用铆接。

3. 栓接

栓接即螺栓连接，是构件连接方式的一种，主要用于钢材、机械零件之间的连接。栓接属于可拆卸连接，如图3-21c所示。螺栓是由头部和螺杆（带有外螺纹的圆柱体）两部分组成的一类紧固件，需与螺母配合，用于紧固连接两个带有通孔的零件。

3.6.4　搭接的有效性测试

在直流情况中，搭接的有效性取决于搭接电阻。随着频率的升高，搭接的有效性不但取决于电阻，还取决于搭接电感和搭接面之间的电容。搭接的有效性一般用搭接的有效度衡量。所谓搭接有效度是指使用搭接带和不使用搭接带时设备上感应电压之差（以 dB 表示）。有效度值有正有负，正值表示搭接体起抑制干扰作用，而负值则表示增强干扰作用。

对搭接有效性影响的主要因素是搭接系统的阻抗。图 3-22 所示为单独一个搭接带的高频等效电路，R 为搭接带的交流电阻，L 为电感，C 为跨接器和两个搭接件之间的电容。除非在搭接带特别短的情况下，当频率高于 100kHz 时，感抗远比搭接带电阻大，R 可以略去不计。这样，搭接带的阻抗为

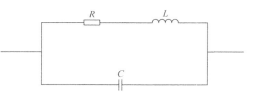

图 3-22　单独搭接带的等效电路

$$Z = \frac{\omega L}{1 - \omega^2 LC} \tag{3-14}$$

当频率为 $f_C = 1/(2\pi\sqrt{LC})$ 时，达到谐振。在谐振点附近，阻抗高达数百欧姆，显然此时搭接带已失去作用，甚至会增大感应的电磁干扰。但系统一般均工作在远低于谐振点的频率条件。

如果搭接带连接于机箱与大地之间，则其示意图及等效电路如图 3-23 所示。图中 L_2、R_2、C_2 为搭接带的电感、电阻及分布电容，而 L_1 为机箱（或框架）的电感，C_1 为机箱与参考地或机箱与机箱之间的电容。一般情况下 $L_2 > L_1$、$C_1 > C_2$，则谐振频率 $f = 1/(2\pi\sqrt{L_2 C_1})$。

对于一些结构，谐振频率可高达 10～15MHz，谐振时搭接带不但失去接地作用，而且像天线系统一样，将搭接带原本要降低的干扰反而增大发射出去。

3.6.5　搭接的实施

1. 搭接的电化学腐蚀原理

当两种不同的金属互相接触时，会出现一种质变，即腐蚀（corrosion）。所谓腐蚀是指

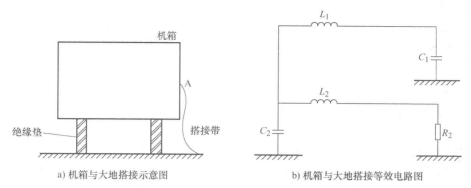

a) 机箱与大地搭接示意图　　　　b) 机箱与大地搭接等效电路图

图 3-23　机箱与大地搭接

在电化学序列中，属于不同组的两种金属在溶液（起电解液作用）存在情况下相互接触，形成了一个化学电池，使金属逐渐产生原电池腐蚀和电解腐蚀。能起电解液作用的液体有盐水、盐雾、雨水（能够携带许多杂质使金属表面上各种杂质湿润）、汽油等。

腐蚀的程度取决于两种不同金属在电化学序列中的组别和接触时所处的环境。适当地改变这两个因素，可使搭接的腐蚀减小。在电化学序列中同一组的两种金属接触时，不会发生明显的腐蚀现象。如果是不同组的两种金属接触，则在表 3-6 中，前面组别中的金属将构成一个阳极，而且受到较强的腐蚀；后面组别中的金属将构成一个阴极，相对而言不受腐蚀。组别相差越远的两种金属接触时，腐蚀越严重。因此，两个相接触的金属材料，应尽量选择表 3-6 中同一组别的金属或者相邻组别中的金属。如果需要将第二组金属（如铝）机壳与第四组金属（如不锈钢）框架搭接时，为了减小对金属铝的腐蚀，可在两金属表面间放入一个第三组金属（如镀锡）垫圈。这样即使保护层损坏，受腐蚀的将是垫圈，而不是铝壳，因而可以保护机壳。此外，当两种不同金属搭接时，阴极和阳极的相对面积选择也是很重要的，阴极越大意味着电子流量越大，导致阳极的腐蚀作用越严重。减小阴极接触面积，可以使电子流量减少，从而减轻腐蚀。

表 3-6　常见金属电化学序列

组　　别	金　　属
第一组	镁
第二组	铝及其合金、锌、镉
第三组	碳钢、铁、铅、锡及锡铅焊料
第四组	镍、铬、不锈钢
第五组	铜、银、金、铂、钛

2. 搭接的表面清理和防腐涂覆

为了获得有效而可靠的搭接，搭接表面必须进行精心处理，其内容包括搭接前的表面清理和搭接后的表面防腐处理。

搭接前的表面处理主要是清除固体杂质，如灰尘、碎屑、纤维、污物等；其次是有机化合物，如油脂、润滑剂、油漆和其他油污等；还要清除表面保护层和电镀层，如铝板表面的氧化铝层以及金、银等金属镀层。

搭接完成后，为了保护搭接体，在接缝表面往往要进行附加涂覆（例如涂油漆或者电镀）。应注意的是，若仅对阴极材料涂覆，会在涂覆不好的地方引起严重的腐蚀。因此，当不同金属接触时，特别应对阴极表面进行涂覆，或者在两种金属表面（阳极表面和阴极表面）都加涂覆。

3. 搭接的加工方法

两种金属材料搭接的加工方法很多，按接合作用原理可分为物理、化学、机械三类不同的原理。

物理加工方法主要有熔焊和钎焊。熔焊是通过气体燃烧和电弧加热使两种金属熔化流动形成连续的金属桥的加工工艺，接合处的电导率高，机械强度好，耐腐蚀，但加工成本高。常用的熔焊加工方法有气焊、电弧焊、氩弧焊、放热焊等。钎焊是一种金属焊接工艺，它把连接的金属表面加热到低于熔点的温度，而后施加填充的金属焊料和适当的焊剂，通过焊料使连接金属表面的紧密接触实现结合。钎焊分为硬钎焊和软钎焊。软钎焊是一种更简单的连接工艺。钎焊使用的温度相当低，因此在那些可能出现大电流的场合不允许采用软钎焊的方法。

机械加工方法有栓接、铆接、压接、卡箍紧固、销键紧固、拧绞连接等方法。

化学加工方法主要采用导电胶黏剂。它是一种具有两种成分的银粉填充的热固性环氧树脂，经固化后成为一种导电材料。它通常用于搭接金属的表面，既使之黏合，又形成导电良好的低电阻通路。它不仅具有很好的防腐能力，还具有很强的机械强度，有时将它和螺栓结合使用，效果更佳。

4. 搭接的测试方法

用一个两端子电阻表来测量一个接头的电阻，会导致读数在很大范围内变动。范围可以从开路到相当低的电阻，这取决于测量探针在测量过程中接触到接头时所使用的压力大小。用两端子方法测量的问题是：测量电流是用与测量电压所使用的同一个探针注入材料表面中去的，所以实际上测量的是两个探针对金属的阻抗。

四端子技术是用两个端子注入电流，而用另外两个端子测量其电压。这种测量方法对接触压力相当不敏感。通过测量电流和电压，然后用欧姆定律计算出其电阻。在端子上施加电流和电压的一种方法是把导线焊接在涂有导电胶的铜带上，然后把铜带贴在两个表面上。电流端子应该被安置在与要测量的接头有相当距离的地方，而电压端子应安置在靠近接头处。电压端子还必须被放在两个电流端子的直接通路上，以减小测量误差。这种四端子测量技术可以被用来对金属和被处理过的表面电阻进行比较测量。这里要指出的是，在不同的测量过程中，电流和电压的接触宽度应该是固定不变的，这一点对四端子技术来讲是很容易做到的。用有固定宽度的涂有导电胶的铜带就可以很容易地做到这一点。

第 4 章
屏蔽设计

4.1 屏蔽原理

屏蔽是以某种导电材料或此材料制成的屏蔽体将需要防护的区域封闭起来，形成电磁隔离，从而减少或阻隔电磁能传播的一种技术，是抑制电磁干扰的有效措施之一。从电磁场理论的观点看，可以这样来理解屏蔽：若有两个电磁场，在其分界面上有一物体使它们可以看作是相互独立、互不影响的，则该分界面就被称为屏蔽，而分界面上的物体则被称为屏蔽体。

屏蔽是提高电子系统和电子设备 EMC 的重要措施之一，它能有效地抑制通过空间传播的各种干扰，既可阻止或减少电子设备内部的辐射电磁能对外的传输，又可阻止或减少外部辐射电磁能量对电子设备的影响。采用主动屏蔽的方式，大部分电磁兼容问题都可以通过电磁屏蔽来解决。用屏蔽的方法来解决 EMI 问题的最大优点是不会影响电路的正常工作，因此不需要对电路做任何的修改。

麦克斯韦、法拉第和其他人在电子学之前就建立了描述电场和磁场的基本方程式，然而对实际中的复杂系统几乎不能直接应用这些方程式。电场和磁场衰减采用从实验中得到的方程式能够更好地表达，这些方程式在屏蔽的设计中广泛地应用。

4.1.1 屏蔽的分类

屏蔽的分类法有很多种。根据屏蔽的工作原理，可以将屏蔽分为电场屏蔽、磁场屏蔽和电磁屏蔽三大类。电场屏蔽包含静电屏蔽和交变电场屏蔽；磁场屏蔽包含低频磁场屏蔽和高频磁场屏蔽。

4.1.2 电场屏蔽原理

电场屏蔽简称电屏蔽，其目的是减少设备（或电路、组件、元件等）间的电场感应，它包括静电屏蔽和交变电场屏蔽。

1. 静电屏蔽

电磁场理论表明，置于静电场中的导体在静电平衡的条件下，具有下列性质：

1）导体内部任何一点的电场为零。

2）导体表面任何一点的电场强度矢量的方向与该点的导体表面垂直。

3）整个导体是一个等位体。

4）导体内部没有静电荷存在，电荷只能分布在导体的表面。

内部存在空腔的导体，在静电场中也具有上述性质。因此，如果把有空腔的导体置入静电场中，由于空腔导体的内表面无静电荷，空腔空间中也无电场，所以空腔导体起了隔离外部静电场的作用，抑制了外部静电场对空腔空间的干扰；反之，如果把空腔导体接地，即使其内部存在带电体产生的静电场，在其外部也不存在由内部带电体产生的静电场。这就是静电屏蔽的理论依据，即静电屏蔽原理。

当空腔屏蔽体内部存在带有正电荷 Q 的带电体时，空腔屏蔽体内表面会感应出等量的负电荷，而其外表面会感应出等量的正电荷。此时，仅用空腔屏蔽体将静电场源包围起来，实际上起不到屏蔽作用。只有将空腔屏蔽体接地，其外表面感应出的等量正电荷沿接地导线进入接地面，它产生的外部静电场才会消失，才能将静电场源产生的电力线封闭在屏蔽体内部，屏蔽体才能真正起到静电屏蔽的作用。

当空腔屏蔽体外不存在静电场干扰时，由于空腔屏蔽体为等位体，所以其内部空间不存在静电场，即不会出现电力线，从而实现静电屏蔽。空腔屏蔽体外部存在电力线，且电力线中止在屏蔽体上。屏蔽体的两侧出现等量的正负感应电荷。当屏蔽体完全封闭时，不论空腔屏蔽体是否接地，屏蔽体内部的外电场均为零。但是，实际的空腔屏蔽体不可能是完全封闭的理想屏蔽体，如果屏蔽体不接地，就会引起外部电力线的入侵，造成直接或间接静电耦合。为了防止这种现象发生，此时空腔屏蔽体仍需接地。

综上可见，静电屏蔽必须具有两个基本要点，即完整的屏蔽体和良好的接地。

2. 交变电场的屏蔽

交变电场的屏蔽原理可以用电路理论加以解释，此时干扰源与被干扰对象之间的电场感应可以用分布电容来描述。如图4-1所示，设干扰源 g 上有一交变电压 U_g，在其附近产生交变电场，置于交变电场中的接收器 s 通过阻抗 Z_s 接地，干扰源对接收器的电场感应耦合可以等效为分布电容 C_e 的耦合，于是形成了由 U_g、Z_g、C_e 和 Z_s 构成的耦合回路。接收器上产生的干扰电压 U_s 为

$$U_s = \frac{j\omega C_e Z_s}{1 + j\omega C_e (Z_s + Z_g)} U_g \tag{4-1}$$

从式(4-1) 中可以看出，干扰电压 U_s 的大小与耦合电容 C_e 的大小有关。为了减小干扰，可使干扰源与接收器尽量远离，从而减小 C_e，使干扰 U_s 减小。如果干扰源与接收器间的距离受控件位置限制无法加大时，则可采用屏蔽措施。

为了减少干扰源与接收器之间的交变电场耦合，可在两者之间插入屏蔽体，如图4-2所示。插入屏蔽体后，原来的耦合电容 C_e 的作用现在变为耦合电容 C_1、C_2、C_3的作用。由于干扰源和接收器之间插入屏蔽体后，它们之间的直接耦合作用非常小，所以耦合电容 C_3 可以忽略。

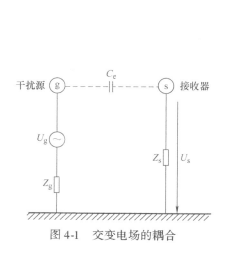

图4-1 交变电场的耦合

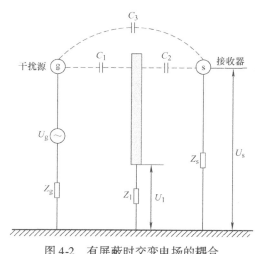

图4-2 有屏蔽时交变电场的耦合

设金属屏蔽体的对地阻抗为 Z_1，则屏蔽体上的感应电压为

$$U_1 = \frac{j\omega C_1 Z_1}{1 + j\omega C_1 (Z_1 + Z_g)} U_g \tag{4-2}$$

从而接收器上的感应电压为

$$U_s = \frac{j\omega C_2 Z_s}{1 + j\omega C_2 (Z_1 + Z_s)} U_1 \tag{4-3}$$

由此可见，要使 U_s 比较小，必须使 C_1、C_2 和 Z_1（屏蔽体阻抗和接地线阻抗之和）减小。只有 $Z_1 = 0$，才能使 $U_1 = 0$，进而 $U_s = 0$。也就是说，屏蔽体必须良好接地，才能真正抑制或消除干扰源产生的干扰电场的耦合，保护接收器免受干扰。

如果屏蔽体没有接地或接地不良（因为平板电容器的电容与极板面积成正比，与两极板间距成反比，所以耦合电容 C_1、C_2 均大于 C_e），那么接收器上的感应干扰电压比没有屏蔽体时的干扰电压还要大，此时干扰比不加屏蔽体时更为严重。

从上面的分析可以看出，交变电场屏蔽的基本原理是采用接地良好的金属屏蔽体将干扰源产生的交变电场限制在一定的空间内，从而阻断了干扰源至接收器的传输路径。必须注意，交变电场屏蔽要求屏蔽体必须是良导体（如金、银、铜、铝等），屏蔽体必须有良好的接地。

4.1.3　磁场屏蔽原理

磁场屏蔽简称磁屏蔽，是用于抑制磁场耦合实现磁隔离的技术措施，它包括低频磁场屏蔽和高频磁场屏蔽。

1. 低频磁场屏蔽

低频（100kHz 以下）磁场的屏蔽是利用铁磁性材料（如铁、硅钢片、合金等）的磁导率高、磁阻小，对磁场有分路作用的特性来实现屏蔽的。由磁力线连续性原理可知，磁力线是连续的闭合曲线，这样可把磁通管所构成的闭合回路称为磁路。

磁路理论表明

$$U_m = R_m \Phi_m \tag{4-4}$$

式中，U_m 为磁路中两点间的磁位差；Φ_m 为通过磁路的磁通量；R_m 为磁路中 a、b 两点间的磁阻。

且

$$\Phi_m = \int_S B\mathrm{d}S \tag{4-5}$$

$$R_m = \frac{\int_a^b H\mathrm{d}l}{\int_S B\mathrm{d}S} \tag{4-6}$$

式中，S 为磁路的横截面积；B 为穿过 S 的磁感应强度。

如果磁路横截面是均匀的，且磁场也是均匀的，则式（4-6）可简化为

$$R_m = \frac{Hl}{BS} = \frac{l}{\mu S} \tag{4-7}$$

式中，μ 为铁磁性材料的磁导率（H/m）；S 为磁路的横截面积（m^2）；l 为磁路的长度（m）。

显然，磁导率大则磁阻小，此时磁力线主要沿着磁阻小的途径形成回路。由于铁磁性材料的磁导率比空气的磁导率大得多，所以铁磁性材料的磁阻很小。将铁磁性材料置于磁场之中时，磁力线将主要通过铁磁性材料，而通过空气的磁力线将大为减小，从而起到磁场屏蔽的作用。

屏蔽线圈用铁磁性材料作为屏蔽罩。由于其磁导率很大，磁阻比空气小得多，因此线圈所产生的磁通主要沿屏蔽罩通过，即被限制在屏蔽体内，从而使线圈周围的元件、电路和设备不受线圈磁场的影响或干扰。同样，外界磁力线也将通过屏蔽体而很少进入屏蔽罩内，从而使外部磁场不能干扰屏蔽体内的线圈。

使用铁磁性材料作屏蔽体时要注意下列问题：

1）所用铁磁性材料的磁导率越高，屏蔽罩越厚（即 S 越大），磁阻越小，屏蔽效果越好。为了获得更好的磁屏蔽效果，需要选用高磁导率材料，并要使屏蔽罩有足够的厚度，有时需要多层屏蔽。所以，效果良好的铁磁屏蔽体往往是既昂贵又笨重。

2）用铁磁性材料做的屏蔽罩，在垂直磁力线方向不应开口或有缝隙。因为若缝隙垂直于磁力线，则会切断磁力线，使磁阻增大，屏蔽效果变差。

3）铁磁性材料的屏蔽不能用于高频磁场屏蔽。因为高频时铁磁性材料中的磁性损耗（包括磁滞损耗和涡流损耗）很大，磁导率明显下降。

2. 高频磁场屏蔽

高频磁场的屏蔽采用的是低电阻率的良导体材料，如铜、铝等。其屏蔽原理是利用电磁感应现象在屏蔽体表面所产生的涡流的反磁场来达到屏蔽的目的，也就是利用了涡流反磁场对于原干扰磁场的排斥作用，来抑制或抵消屏蔽体外的磁场。

根据法拉第电磁感应定律，闭合回路上产生的感应电动势等于穿过该回路的磁通量的时变率。根据楞次定律，感应电动势引起感应电流，感应电流所产生的磁通量要阻止原来磁通量的变化，即感应电流产生的磁通量方向与原来磁通量的变化方向相反。应用楞次定律可以判断感应电流的方向。

当高频磁场穿过金属板时，在金属板中就会产生感应电动势，从而形成涡流。金属板中的涡流电流产生的反向磁场将抵消穿过金属板的原磁场。这就是感应涡流产生的反磁场对原磁场的排斥作用。同时，感应涡流产生的反磁场增强了金属板侧面的磁场，使磁力线在金属板侧面绕行而过。

如果用良导体做成屏蔽盒，将线圈置于屏蔽盒内，则线圈所产生的磁场将被屏蔽盒中的涡流反磁场排斥而被限制在屏蔽盒内。同样，外界磁场也将被屏蔽盒的涡流反磁场排斥而不能进入屏蔽盒内，从而达到磁场屏蔽的目的。涡流大小直接影响屏蔽效果。

屏蔽线圈的等效电路如图 4-3 所示。把屏蔽盒看成是一匝线圈，I 为线圈的电流，

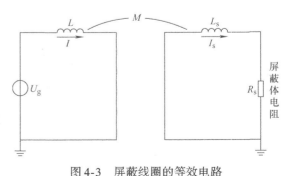

图 4-3　屏蔽线圈的等效电路

M 为屏蔽盒与线圈之间的互感，R_s、L_s 为屏蔽盒的电阻与电感，I_s 为屏蔽盒上产生的涡流。
显然

$$I_s = \frac{j\omega M}{R_s + j\omega L_s}I \tag{4-8}$$

现对式（4-8）进行讨论：

1）频率。在高频时，$R_s \ll \omega L_s$。这时 R_s 可以忽略不计，则有

$$I_s = \frac{M}{L_s}I = k\sqrt{\frac{L}{L_s}}I \approx k\frac{n}{n_s}I = knI \tag{4-9}$$

式中，k 为线圈与屏蔽盒之间的耦合系数；n 为线圈圈数；n_s 为屏蔽盒的圈数，可以视为
一匝。

由式（4-9）可见，屏蔽盒上产生的感应涡流与频率无关。这说明在高频情况下，感应
涡流产生的反磁场足以排斥原干扰磁场，从而起到了磁屏蔽作用，所以导电材料适用于高频
磁场屏蔽。另一方面也说明，感应涡流产生的反磁场在任何时候都不可能比原磁场大，所以
涡流随频率增大到一定程度后，频率继续升高，涡流也不会再增大。

在低频时，$R_s \gg \omega L_s$，式（4-8）可简化为

$$I_s = \frac{j\omega M}{R_s}I \tag{4-10}$$

由此可见，低频时产生的涡流小，因此涡流反磁场不能完全排斥原干扰磁场。所以，用
感应涡流进行屏蔽在低频时效果是很小的，这种屏蔽方法主要用于高频。

2）屏蔽材料。由式（4-10）可知，屏蔽体电阻越小，产生的感应涡流越大，屏蔽体自
身的损耗也越小。所以，高频磁屏蔽材料需用良导体，常用铝、铜及铜镀银等。

3）屏蔽体的厚度。由于高频电流的趋肤效应，涡流仅在屏蔽盒的表面薄层流过，而屏
蔽盒的内层被表面涡流所屏蔽，所以高频屏蔽盒无须做得很厚，这与采用铁磁性材料作低频
磁场屏蔽体时不同。对于常用铜、铝材料的屏蔽盒，当频率 $f > 1\text{MHz}$ 时，机械强度、结构
及工艺上所要求的屏蔽盒厚度，总比能获得可靠的高频磁屏蔽时所需的厚度大得多，因此
高频屏蔽一般无须从屏蔽效能方面考虑屏蔽盒的厚度。实际中，一般取屏蔽盒的厚度为 0.2 ~
0.8mm。

4）屏蔽盒的缝隙或开口。屏蔽盒在垂直于涡流的方向上不应有缝隙或开口。因为垂直
于涡流的方向上有缝隙或开口时，将切断涡流。这意味着涡流电阻增大，涡流减小，屏蔽效
果变差。如果屏蔽盒必须有缝隙或开口时，则缝隙或开口应沿着涡流方向。正确的开口或缝
隙对削弱涡流影响较小，对屏蔽效果的影响也较小。屏蔽盒上的缝隙或开口尺寸一般不大于
波长的 1/100。

5）接地。磁场屏蔽的屏蔽盒是否接地不影响磁屏蔽效果。这一点与电场屏蔽不同，电
场屏蔽必须接地。但是，如果将金属导电材料制造的屏蔽盒接地，它就同时具有电场屏蔽和
高频磁场屏蔽的作用，所以实际中屏蔽体都应接地。

4.1.4 电磁屏蔽原理

通常所说的屏蔽，多半是指电磁屏蔽。电磁屏蔽是指同时抑制或削弱电场和磁场，一般
指高频交变电磁屏蔽。电磁屏蔽是用屏蔽体阻止高频电磁能量在空间传播的一种措施，屏蔽

体的材料是金属导体或其他对电磁波有衰减作用的材料。屏蔽效能的大小与电磁波的性质及屏蔽体材料的性质有关。

交变场中，电场和磁场总是同时存在的。在频率较低的范围内，电磁干扰一般出现在近场区。近场随着干扰源的性质不同，电场和磁场的大小有很大差别。高电压、小电流干扰源以电场为主，磁场干扰可以忽略不计，这时就可以只考虑电场屏蔽；低电压、大电流干扰源以磁场干扰为主，电场干扰可以忽略不计，这时就可以只考虑磁场屏蔽。随着频率升高，电磁辐射能力增强，产生辐射电磁场，并趋向于远场干扰。远场干扰中的电场干扰和磁场干扰都不可忽略，因此需要将电场和磁场同时屏蔽，即电磁屏蔽。高频时即使在设备内部也可能出现远场干扰，需要进行电磁屏蔽。如前所述，采用导电材料制作且接地良好的屏蔽体，就能同时起到电场屏蔽和磁场屏蔽的作用。

4.2 屏蔽效能和屏蔽理论

4.2.1 屏蔽效能的表示

屏蔽体屏蔽效果的好坏用屏蔽效能（shielding effectiveness）来度量。它与屏蔽体材料的性能、干扰源的频率、屏蔽体至干扰源的距离以及屏蔽体上可能存在的各种不连续的形状和数量有关。屏蔽效能被定义为不存在屏蔽体时某处的电场强度 E_0 与存在屏蔽体时同处的电场强度 E_S 之比，常用分贝（dB）表示，即

$$SE_E = 20 \lg \frac{E_0}{E_S} \tag{4-11}$$

或者定义为不存在屏蔽体时某处的磁场强度 H_0 与存在屏蔽体时同一处的磁场强度 H_S 之比，即

$$SE_H = 20 \lg \frac{H_0}{H_S} \tag{4-12}$$

4.2.2 屏蔽的传输理论

电磁场屏蔽的机理有三种理论：

（1）感应涡流效应

用这种理论解释电磁屏蔽机理比较形象、易懂，物理概念清楚，但是难以据此推导出定量的屏蔽效果表达式，且关于干扰源特征、传播介质、屏蔽材料的磁导率等因素对屏蔽效能的影响也不能解释清楚。

（2）电磁场理论

严格说来，电磁场理论是分析电磁屏蔽原理和计算屏蔽效能的经典学说，但是由于需要求解电磁场的边值问题，所以分析复杂且求解烦琐，在实际中很少应用。

（3）传输线理论

它是根据电磁波在金属屏蔽体中传播的过程与行波在传输线中传输的过程相似，来分析电磁屏蔽机理，定量计算屏蔽效能。这一理论和方法不仅可以简明分析屏蔽理论，而且还能比较方便地定量计算屏蔽效果。

下面就根据传输线理论对电磁屏蔽进行机理和屏蔽效能分析。

按照传输线理论，屏蔽体对于电磁波的衰减有三种不同的机理：

1）在空气中传播的电磁波到达屏蔽体表面时，由于空气和金属交界面的阻抗不连续，在交界面引起波的反射。

2）未被屏蔽体表面反射而透射进入屏蔽体的电磁能量，继续在屏蔽体内传播时被屏蔽材料衰减。

3）在屏蔽体内尚未衰减完的剩余电磁能量，传播到屏蔽体的另一个表面时，又由于金属和空气阻抗的不连续在其交界面再次反射，并重新折回屏蔽体内。这种反射在屏蔽体内的两个界面之间可能重复多次。

进行电磁屏蔽分析的目的是为了从理论上获取屏蔽效能值，便于在进行屏蔽设计时把屏蔽层看成是实心型屏蔽，即一个结构完整、电气上内部各向均匀的无限大金属平板或封闭壳体的一种屏蔽。虽然这是一种理想情况，但是对无限大金属平板屏蔽体的研究易于揭开屏蔽现象的物理实质，容易引出一些重要公式。

根据电磁场理论，电磁波在传播过程中在不同介质的交界面，由于波阻抗不同，会发生波的透射和反射。如图 4-4 所示，设屏蔽体的厚度为 t，电磁波从自由空间入射，设自由空间和金属屏蔽层中的波阻抗分别为 Z_w 和 Z_m。在屏蔽体的第一界面 $x = 0$ 处，波的反射系数为

$$\rho_0 = \frac{Z_m - Z_w}{Z_m + Z_w} \tag{4-13}$$

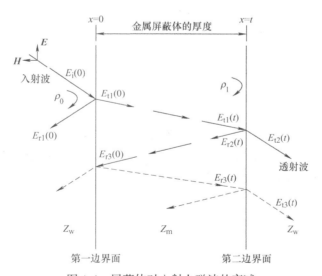

图 4-4　屏蔽体对入射电磁波的衰减

在本节中，以电场强度的衰减作为分析对象，磁场的分析与此类似。假设入射波电场强度 $E_i(0) = 1$，则有

$$E_{t1}(0) = 1 + E_{r1}(0) \tag{4-14}$$

因为反射波 $E_{r1}(0) = \rho_0 E_{i1}(0) = \rho_0$，所以透射波 $E_{t1}(0) = 1 + \rho_0$，该透射波在金属板中的传播常数为

$$\begin{cases} \gamma = \alpha + \mathrm{j}\beta \approx (1 = \mathrm{j}) \sqrt{\pi\mu f\sigma} = (1 + \mathrm{j})\alpha \\ \alpha = \sqrt{\pi\mu f\sigma} \end{cases} \tag{4-15}$$

式中，α 为其实部，表示波幅的衰减系数；β 为其虚部，表示相位的变化；μ、σ 分别为屏蔽体材料的磁导率和电导率；f 为电磁波的频率。

当电磁波到达第二交界面，即 $x = t$ 时，$E_{t1}(t) = (1 + \rho_0) e^{-\gamma x}$。

此时电磁波在金属板的第二交界面（$x = t$ 处）再次反射和透射，由于此处反射系数为

$$\rho_0 = \frac{Z_m - Z_w}{Z_m + Z_w} = -\rho_0 \tag{4-16}$$

因此，透射波电场强度 $E_{t2}(t)$ 为

$$E_{t2}(t) = E_{t1}(t)(1 + \rho_t) = (1 - \rho_0^2) e^{-\gamma t} \tag{4-17}$$

反射波电场强度 $E_{r2}(t)$ 为

$$E_{r2}(t) = E_{t1}(t)\rho_t = (1 + \rho_0) e^{-\gamma t}\rho_t \tag{4-18}$$

该反射波以 $e^{-\gamma x}$ 的衰减规律向 $-x$ 方向传播，在到达 $x = 0$ 处再次反射，其反射波电场强度为

$$E_{r3}(0) = E_{r2}(t) e^{-\gamma t}\rho_t = (1 + \rho_0) e^{-2\gamma t}\rho_t^2 \tag{4-19}$$

$E_{r3}(0)$ 向 x 方向传播，再次到达 $x = t$ 时，其入射电场强度为

$$E_{r3}(t) = E_{r3}(0) e^{-kt} = (1 + \rho_0) e^{-3\gamma t}\rho_t^2 \tag{4-20}$$

在此处又发生反射和透射，其中透射波 $E_{t3}(t)$ 成为穿过屏蔽体的又一部分透射电磁波。该电磁波电场强度为

$$E_{t3}(t) = E_{r3}(t)(1 + \rho_t) = \rho_t^2(1 - \rho_0^2) e^{-3\gamma t} \tag{4-21}$$

如此往复类推，可得透过屏蔽体的电磁波的总电场强度为

$$\begin{aligned} \sum E_t(t) &= (1 - \rho_0^2) e^{-\gamma t} + (1 - \rho_0^2)\rho_t^2 e^{-3\gamma t} + (1 - \rho_0^2)\rho_t^4 e^{-5\gamma t} + \cdots \\ &= (1 - \rho_0^2) e^{-\gamma t}(1 + \rho_t^2 e^{-2\gamma t} + \rho_t^4 e^{-4\gamma t} + \cdots) \end{aligned} \tag{4-22}$$

因此，屏蔽体的屏蔽效能为

$$\begin{aligned} \mathrm{SE} &= \frac{E_0(t)}{E_s(t)} = \left| \frac{e^{-\gamma_0 t}}{(1 - \rho_0^2) e^{-\gamma t}(1 + \rho_t^2 e^{-2\gamma t} + \rho_t^4 e^{-4\gamma t} + \cdots)} \right| \\ &= \left| e^{-(\gamma - \gamma_0)t}(1 - \rho_0^2)^{-1}(1 + \rho_t^2 e^{-2\gamma t} + \rho_t^4 e^{-4\gamma t} + \cdots)^{-1} \right| \end{aligned} \tag{4-23}$$

式中，γ_0 为自由空间电磁波的传播常数。

令

$$A = \left| e^{(\gamma - \gamma_0)t} \right|$$

$$R = \left| (1 - \rho_0^2)^{-1} \right|$$

$$B = \left| (1 + \rho_t^2 e^{-2\gamma t} + \rho_t^4 e^{-4\gamma t} + \cdots)^{-1} \right|$$

式中，A 为吸收损耗；R 为反射损耗；B 为多次反射损耗。

于是有 $\mathrm{SE} = ARB$。用分贝表示，屏蔽效能（dB）为

$$\mathrm{SE} = 20\lg A + 20\lg R + 20\lg B \tag{4-24}$$

4.2.3　屏蔽效能的计算

由上述分析可知，分析屏蔽效能的主要任务是计算吸收损耗 A、反射损耗 R 和多次反射损耗 B。

1. 吸收损耗

吸收损耗是电磁波在屏蔽体内部传播时涡流发热所导致的损耗。根据电磁波在屏蔽材料中传输时的衰减特性 $A = \mathrm{e}^{(\gamma - \gamma_0)t}$，$A$ 取决于传播常数 γ 和屏蔽层厚度 t。由于只考虑损耗，因此只要取其实部 α（衰减常数）即可，它是反映电磁波在金属屏蔽体中产生涡流发热导致能量衰减的因子，是产生损耗的主要因素。另外，考虑到自由空间衰减系数 $\alpha_0 << \alpha$，故可忽略 $\gamma_0 t$ 因子。于是 A 的指数项简化后可得

$$A = \mathrm{e}^{\alpha t} = \mathrm{e}^{t\sqrt{\pi \mu f \sigma}} = \mathrm{e}^{\frac{t}{\delta}} \tag{4-25}$$

式中，t 为屏蔽体的厚度（mm）；δ 为趋肤深度，$\delta = \dfrac{1}{\sqrt{\pi \mu f \sigma}}$。

用分贝数表示的吸收损耗（dB）为

$$A = \lg \mathrm{e}^{\frac{t}{\delta}} = 8.68 \frac{t}{\delta} \tag{4-26}$$

为了便于计算，常用屏蔽材料的相对电导率 σ_r 和相对磁导率 μ_r 来表示吸收损耗（dB），即

$$A = 0.131 \sqrt{f \mu_r \sigma_r} \tag{4-27}$$

式中，μ_r 为屏蔽体的相对磁导率；σ_r 为屏蔽材料相对于铜的电导率。

由此可见，吸收损耗随电磁波频率、屏蔽材料的电导率、磁导率及屏蔽体厚度的增大而增大。表4-1 给出了电磁屏蔽常用金属材料的相对磁导率、相对电导率及厚度与吸收损耗的关系。

表 4-1　常用金属材料的 μ_r 和 σ_r 及其屏蔽厚度与吸收损耗的关系

金属	σ_r	μ_r	f/Hz	t/mm		
				8.68dB	20dB	40dB
铜	1	1	10^2	6.7	15.4	30.8
			10^4	0.67	1.54	3.08
			10^6	0.067	0.154	0.308
			10^8	0.0067	0.0154	0.0308
铝	0.63	1	10^2	8.35	19.24	38.48
			10^4	0.835	1.924	3.848
			10^6	0.0835	0.1934	0.3848
			10^8	0.00835	0.01934	0.03848
钢	0.17	180	10^2	1.2	2.76	5.52
			10^4	0.12	0.276	0.552
			10^6	0.012	0.0276	0.0552
			10^8	0.0012	0.00276	0.00552
坡莫合金	0.108	8000	10^2	0.23	0.52	1.04
			10^4	0.023	0.052	0.104
			10^6	0.0023	0.0052	0.0104
			10^8	0.00023	0.00052	0.00104

从表4-1 中可以看出，对于吸收损耗，当 $f \geqslant 1\mathrm{MHz}$ 时，用 0.5mm 厚的任何金属板制成

的屏蔽体，都能将电场强度减弱至原来的 1%（效能为 40dB）以下。随着频率的升高，同样厚度的金属屏蔽层的屏蔽效能会随之增大。因此，在选择材料时，应着重考虑材料的机械强度、刚度和防腐等因素。对于低频屏蔽，应采用高磁导率的铁磁性材料，如冷轧钢板、坡莫合金等。

关于吸收损耗的一些结论如下：

1）吸收损耗与电磁波的种类（波阻抗）无关。无论电磁波的波阻抗如何，吸收损耗都是相同的，因此做近场屏蔽时，它与辐射源的特性无关。

2）吸收损耗与电磁波频率有关。频率越低的电磁波，吸收损耗越小，因此，低频电磁波具有较强的穿透力。

3）屏蔽材料越厚，吸收损耗越大。厚度每增加一个趋肤深度，吸收损耗增加约 9dB。

4）吸收损耗与材料特性有关。屏蔽材料的磁导率和电导率越高，吸收损耗越大，但由于金属材料电导率增加有限，因此常用高磁导率材料增加吸收损耗。

2. 反射损耗

反射损耗是由屏蔽体与自由空间交界面处阻抗不连续引起的。

由于 $\rho_0 = \dfrac{Z_m - Z_w}{Z_m + Z_w}$，$\rho_t = -\rho_0$，因此反射损耗的表达式可写为

$$R = (1 - \rho_0^2)^{-1} = \frac{(Z_m + Z_w)^2}{4 Z_m Z_w} \tag{4-28}$$

一般情况下，自由空间的波阻抗比金属材料的波阻抗要大得多，即 $Z_w \gg Z_m$，故式（4-28）可简化为

$$R \approx \frac{Z_w}{4 Z_m} \tag{4-29}$$

其模量为

$$|R| \approx \left| \frac{Z_w}{4 Z_m} \right| \tag{4-30}$$

任何均匀材料的特性阻抗为

$$Z_i = \sqrt{\frac{j\omega\mu}{\sigma + j\omega\varepsilon}} \tag{4-31}$$

对于高电导率的金属材料，$\sigma \gg \omega\varepsilon$，因此金属材料的波阻抗为

$$\begin{cases} Z_m = \sqrt{\dfrac{j\omega\mu}{\sigma}} = \sqrt{\dfrac{j2\pi f\mu}{\sigma}} = (1+j)\sqrt{\dfrac{\pi f\mu}{\sigma}} \\[2mm] |Z_m| = \sqrt{2}\sqrt{\dfrac{\pi f\mu}{\sigma}} = 3.69 \times 10^{-7} \sqrt{\dfrac{f\mu_r}{\sigma_r}} \end{cases} \tag{4-32}$$

在不同类型场源和场区中，自由空间的波阻抗 Z_w 的值是不一样的。

1）在远区平面波情况下，有

$$Z_w = \sqrt{\frac{\mu_0}{\varepsilon_0}} = 120\pi\ \Omega = 377\Omega \tag{4-33}$$

2）在近区以电场为主时，屏蔽层到辐射源的距离为 r，波阻抗为

$$\begin{cases} Z_{\mathrm{w}} = \dfrac{1}{\mathrm{j}\omega\varepsilon_0 r} \\[3mm] |Z_{\mathrm{w}}| = \left| \dfrac{1}{\mathrm{j}\omega\varepsilon_0 r} \right| = \dfrac{1}{2\pi f \varepsilon_0 r} = \dfrac{1.8 \times 10^{10}}{fr} \end{cases} \tag{4-34}$$

3）在近区以磁场为主时，波阻抗为

$$\begin{cases} Z_{\mathrm{w}} = \mathrm{j}\omega\mu_0 r \\[2mm] |Z_{\mathrm{w}}| = |\omega\mu_0 r| = 2\pi f\mu_0 r = 8\pi^2 \times 10^{-7} fr \end{cases} \tag{4-35}$$

将 Z_{w} 在三种不同情况下的计算公式和金属波阻抗 Z_{m} 代入式（4-35），单位用 dB 表示，可得不同情况的反射损耗如下：

1）$r \gg \lambda/(2\pi)$ 时，对远区平面场情况，有

$$R_{\mathrm{p}} = 168 + 10\lg\left(\frac{\sigma_{\mathrm{r}}}{\mu_{\mathrm{r}} f}\right) \tag{4-36}$$

2）$r \ll \lambda/(2\pi)$ 时，对于近区电场为主情况，有

$$R_{\mathrm{e}} = 321.7 + 10\lg\left(\frac{\sigma_{\mathrm{r}}}{f^3 r^2 \mu_{\mathrm{r}}}\right) \tag{4-37}$$

3）$r \ll \lambda/(2\pi)$ 时，对于近区磁场为主情况，有

$$R_{\mathrm{m}} = 14.6 + 10\lg\left(\frac{fr^2\sigma_{\mathrm{r}}}{\mu_{\mathrm{r}}}\right) \tag{4-38}$$

假设选定材料为铝，其在近场区和远场区反射损耗随距离和频率变化的曲线如图 4-5 所示。

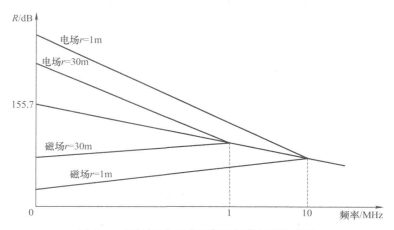

图 4-5　反射损耗 R 随距离和频率的变化曲线

这可以得到反射损耗的一些结论：

1）近场区电场波为高阻抗场，反射损耗大，磁场波为低阻抗场，反射损耗小。因此做近场屏蔽时，要分别考虑电场波和磁场波的情况。

2）随频率升高，反射损耗逐渐与辐射源的性质无关。在距离一定的情况下，当频率升高时，电场波和磁场波的反射损耗趋向一致，最终汇合于平面电磁波的反射损耗数值上。

3）屏蔽体到辐射源的距离对反射损耗有影响。对于电场波，距离越近，反射损耗越

大；对于磁场波，距离越近，反射损耗越小。因此，为了获得尽可能高的反射损耗，如果是电场源，屏蔽体应尽量靠近辐射源；如果是磁场源，则屏蔽体应尽量远离辐射源。

4）对于平面电磁波，随频率升高，反射损耗降低。这是因为频率升高时，屏蔽材料的特性阻抗变大。

3. 多次反射损耗

根据反射损耗的计算方法，令 $X = \rho_t^2 e^{-2\gamma t}$，则有

$$B = [1 + \rho_t^2 e^{-2\gamma t} + \rho_t^4 e^{-4\gamma t} + \cdots]^{-1} + [1 + X + X^2 + X^3 + \cdots]^{-1} \tag{4-39}$$

由于 $|\rho_t| = \left| \dfrac{Z_w - Z_m}{Z_w + Z_m} \right| < 1$，$|e^{-2\gamma t}| < 1$，因此 $|\rho_t^2 e^{-2\gamma t}| \ll 1$，符合 $|X| < 1$ 的条件，因此

$$B = \left(\frac{1}{1-X} \right)^{-1} = 1 - X = 1 - \rho_t^2 e^{-2\gamma t} \tag{4-40}$$

用分贝表示，有

$$B = 20\lg \left| \left(\frac{1}{1-X} \right)^{-1} \right| = 20\lg |1 - \rho_t^2 e^{-2\gamma t}| \tag{4-41}$$

式中

$$e^{-2\gamma t} = e^{-2(1+j)\alpha t} = e^{-2\alpha t} e^{-2j\alpha t}$$

若吸收损耗 A（dB）已知，则 $e^{\alpha t} = 10^{0.05A}$，将等式两边二次方后，得 $e^{2\alpha t} = 10^{0.1A}$，则 $2\alpha t = \ln 10^{0.1A} = 0.23A$。将此结果代入式（4-40）中，得多次反射损耗为

$$B = 1 - \left(\frac{Z_w - Z_m}{Z_w + Z_m} \right)^2 10^{-0.1A} (\cos 0.23A - j\sin 0.23A) \tag{4-42}$$

用分贝表示为

$$B = 20\lg \left| 1 - \left(\frac{Z_w - Z_m}{Z_w + Z_m} \right)^2 10^{-0.1A} (\cos 0.23A - j\sin 0.23A) \right| \tag{4-43}$$

对于以下情况，可以忽略多次反射因子

1）对于电场波，由于大部分能量在金属与空气的第一个界面反射，进入金属内部的能量已经较小，可以忽略多次反射造成的泄漏。

2）当屏蔽材料的厚度达到一定趋肤深度时，多次反射因子也可以忽略不计。

4. 综合屏蔽效能

以 0.5mm 厚的铝板为例，r 为屏蔽层到辐射源的距离（见图 4-6），综合屏蔽效能可以得出关于综合屏蔽效能的几个有用的结论。

1）低频时屏蔽效能与电磁波的种类关系密切。由于低频时，无论哪种电磁波吸收损耗都很小，所以综合屏蔽效能主要取决于反射损耗，而反射损耗与场源性质有关。

2）高频时屏蔽效能与电磁波的种类无明显关系。随着频率升高，导体趋肤深度变小，高频时导体的屏蔽效能主要取决于吸收损耗，而吸收损耗与场源的性质无关。

3）总体来讲，材料对电场波进行屏蔽时，会有比较高的屏蔽效能，其次是平面电磁波，而对磁场波进行屏蔽时，材料的屏蔽效能都比较低，特别是对低频磁场波进行屏蔽时，屏蔽效能最低。也就是说，屏蔽的难度为电场波最容易，平面电磁波次之，磁场波较难，最难的为低频磁场波。

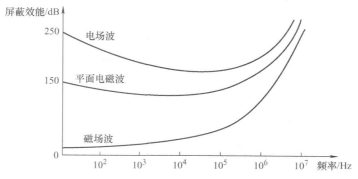

图 4-6　厚度为 0.5mm 铝板的屏蔽效能（$r = 0.5$m）

了解同一种材料对不同的电磁波屏蔽效能不同这一点很重要，因为根据参考厂家提供的屏蔽数据选购屏蔽材料时，一定要搞清楚数据是在什么条件下获得的。导电薄膜、导电涂覆层对于磁场往往屏蔽效能很低，厂家给出的屏蔽数据一般是场波或平面波的屏蔽效能。

低频磁场波是最难屏蔽的一种电磁波，这是由其自身特性所决定的。"低频"意味着趋肤深度很深，这决定了吸收损耗很小；"磁场"意味着电磁波的波阻抗很低，这决定了反射损耗也很小。由于屏蔽材料的屏蔽效能主要是由吸收损耗和反射损耗两部分构成的，当这两部分很小时，总的屏蔽效能也就很低。另外，对于磁场，多次反射造成的泄漏也是不能忽略的。

当然要对低频磁场进行屏蔽时，可以采取以下几种措施增加屏蔽效能：

1）使屏蔽体尽量远离辐射源，增加反射损耗，但对辐射源进行屏蔽时，会导致屏蔽体的体积增加。

2）增加屏蔽材料的厚度，但是这会增加屏蔽体的质量和体积。

3）选用磁导率高的屏蔽材料（如铁、钢或铁镍合金），可增加吸收损耗。由于大多数磁导率高的金属材料电导率都很低，因此会损失反射损耗，而对于电场的屏蔽而言，反射损耗是主要的，当将屏蔽材料换成磁导率高的材料时，损失的反射损耗要大于获得的吸收损耗，使整体屏蔽效能反而降低。为了能同时对电场和磁场有效屏蔽，希望既能增加吸收损耗，又不损失反射损耗，可以在高磁导率材料的表面增加一层高电导率材料，以增加电场波在屏蔽材料与空气界面上的反射损耗。

4.2.4　低频磁场的屏蔽方法

对于频率极低（如直流或 50Hz）的磁场，由于趋肤深度很深，屏蔽相当困难。例如，一种常见的干扰现象是 50Hz 交变电场带来的干扰，这种磁场产生于大功率的配电线和变压器。对于这种磁场，如果用低碳钢作为屏蔽材料，0.85mm 厚的钢板仅能提供不到 9dB 的吸收损耗。

这时，基于磁旁路原理的屏蔽作用十分重要。高磁导率材料构成的屏蔽体为磁场提供了一条低磁阻的通路，可使磁场绕过敏感元件。

磁旁路原理的屏蔽效能计算模型，用电路模型来等效磁路，如图 4-7 所示。并联的两个电阻分别代表屏蔽材料的磁阻 R_S 和屏蔽体中空气的磁阻 R_0。流过两个电阻的电流分别对应通过屏蔽体壁和屏蔽体

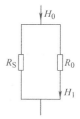

图 4-7　磁屏蔽效能的等效模型

中央的磁通量。用计算并联电路电流的方法可得

$$H_1 = \frac{H_0 R_S}{R_S + R_0} \tag{4-44}$$

式中，H_1 为屏蔽体中心处的磁场强度；H_0 为屏蔽体外部的磁场强度；R_S 为屏蔽体的磁阻；R_0 为屏蔽体中空气的磁阻。

根据屏蔽效能的定义有

$$\begin{aligned} SE &= 20\lg(H_0/H_1) = 20\lg(R_S + R_0/R_S) \\ &= 20\lg(1 + R_0/R_S) \end{aligned} \tag{4-45}$$

磁阻的计算式为

$$R = \frac{S}{\mu A} \tag{4-46}$$

式中，S 为屏蔽体中磁路的长度；A 为屏蔽体中穿过磁力线的界面面积；$\mu = \mu_0 \mu_r$。

屏蔽体的磁阻越小，屏蔽效能越高。为了减小屏蔽体的磁阻，应采取以下措施：

1）使屏蔽体尽量小，这样可以使磁路尽量短，从而达到减小磁阻的目的。

2）增加磁路的截面积。

3）使用磁导率高的材料。

用于低频磁场屏蔽的材料主要是铁镍合金材料，这类材料的磁导率可以达到数万以上。但是在使用这类高导磁材料时，要了解下面的特性：

1）磁导率随着频率增加而下降。材料手册上给出的磁导率大多是直流情况下的数据。一般直流磁导率越高，其随着频率下降得越快。

2）外加磁场对磁导率的影响。当外加磁场为某一强度时，材料的磁导率最高，大多数手册上给出的磁导率数据往往是这个情况下的磁导率，称为最大磁导率。当外界磁场大于或小于这个磁场时，磁导率都会降低。

3）磁饱和。当外界磁场超过一定强度时，材料的磁导率会变得很低，这就是磁饱和现象。材料的磁导率越高，越容易发生磁饱和。由于存在磁饱和现象，当要屏蔽的磁场强度很强时，存在着一对矛盾，这就是为了获得较高的屏蔽效能，需要使用磁导率较高的材料，但这种材料容易饱和；如果用不容易饱和的材料，往往磁导率较低，屏蔽效能又达不到要求。解决这个问题的方法是采用双层屏蔽，先用磁导率较低但不容易饱和的材料将磁场强度衰减到较低的程度，然后再用高磁导率材料提供足够的屏蔽效能。

4）加工影响。对高磁导率材料进行机械加工，如焊接、弯折、打孔、剪切、敲打等会降低材料的磁导率。解决的办法是在加工完成后，按照材料生产厂商的要求进行热处理，恢复磁导率。制作好的工件受到机械冲击如跌落时，也会降低磁导率，从而影响屏蔽体的屏蔽效能，因此在组装和搬运过程中要格外注意。

4.3 屏蔽材料

4.3.1 导电材料

根据屏蔽理论，电屏蔽和电磁屏蔽是利用由导电材料制成的屏蔽体并结合接地来切断干扰源与感受器之间的耦合通道，以达到屏蔽的目的，因而电导率成为选择屏蔽材料的主要依

据。由于电导率是一个常数，不随场强及频率的变化而变化，因此电屏蔽和电磁屏蔽设计较磁屏蔽要简单得多，只需根据应用情况及经济成本选择尽可能好的导电材料即可。

4.3.2 导磁材料

根据磁屏蔽理论，磁屏蔽是利用由高导磁材料制成的磁屏蔽体，提供低磁阻的磁通路使得大部分磁通在磁屏蔽体上分流，从而达到屏蔽的目的，因而磁导率成为选择磁屏蔽材料的主要依据。

在材料的电特性性能参数中，μ_r 是直流情况下的相对磁导率。事实上磁屏蔽所采用的铁磁性材料，其相对磁导率 μ_r 不是常数，而是外加磁场强度及场的变化频率的函数。

通常磁性材料分为弱磁性材料和强磁性材料两种。

弱磁性材料：顺磁性物质（如铝等金属）；抗磁性物质（如铜等金属）。

强磁性材料：铁磁性物质（如铁、镍等金属）。

弱磁性材料的特点是：相对磁导率 $\mu_r = 1$，B 与 H 是线性关系，μ_r 在任意频率的环境中始终保持常数。

铁磁性材料的特点是：B 与 H 为非线性关系，频率增高，磁导率 μ_r 降低。因而在进行磁屏蔽设计时，应根据实际情况选定 μ_r，否则就会产生过大的误差，使屏蔽的定量设计失去了应有的作用。

铁磁性材料的磁化曲线如图 4-8 所示，μ_r 随频率的变化曲线如图 4-9 所示，铁磁性材料在频率很高时，由于发生严重的磁损耗，使磁导率大大降低，因此只能采用导电性能良好的材料作为屏蔽体。

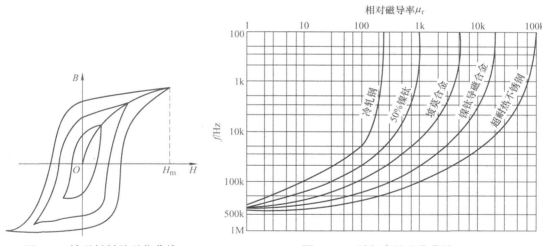

图 4-8　铁磁材料的磁化曲线　　　　图 4-9　μ_r 随频率的变化曲线

此外，铁磁性材料尤其是高磁导率材料，对机械应力较为敏感，因为这类材料在加工时受到机械力的作用，使磁畴的排列方向混乱，导致磁导率大为降低。例如坡莫合金，经机械加工后未经退火处理的磁导率仅为退火后磁导率的 5% 左右。因此磁屏蔽体在经机械加工后，必须进行退火处理，使磁畴排列方向一致，以提高材料的磁导率，其退火工序安排在屏蔽罩的机械加工全部完成之后进行。

4.3.3 薄膜材料与薄膜屏蔽

现代电子设备，尤其是计算机、通信与数控设备广泛地采用了工程塑料机箱，它的加工工艺性能好，通过注塑等工艺，机箱具有造型美观、成本低、质量轻等优点。为了具备电磁屏蔽的功能，通常在机箱上采用喷导电漆、电弧喷涂、电离镀、化学镀、真空沉积、贴导电箔（铝箔或铜箔）及热喷涂工艺，在机箱上产生一层导电薄膜，称为薄膜材料。假定导电薄膜的厚度为 1，电磁波在导电薄膜中的传播波长为 λ。若 $l < \lambda/4$，则称这种屏蔽层的导电薄膜为薄膜材料，这种屏蔽为薄膜屏蔽。

由于薄膜屏蔽的导电层很薄，吸收损耗几乎可以忽略，因此薄膜屏蔽的屏蔽效能主要取决于反射损耗，表 4-2 给出了铜薄膜在频率为 1MHz 和 1GHz 时，不同厚度的屏蔽效能计算值。由表 4-2 可见，薄膜的屏蔽效能几乎与频率无关。只有在屏蔽层厚度大于 $\lambda/4$ 时，由于吸收损耗的增加，多次反射损耗才趋于零，屏蔽效能才随频率升高而增加。

表 4-2 铜薄膜屏蔽层的屏蔽效能

屏蔽层厚度/nm	105		1250		2196		21960	
频率 f/MHz	1	1000	1	1000	1	1000	1	1000
吸收损耗 A/dB	0.014	0.44	0.16	5.2	0.29	9.2	2.9	92
反射损耗 R/dB	109	79	109	79	109	79	109	79
多次反射修正系数 B/dB	−47	−17	−26	−0.6	−21	0.6	−3.5	0
屏蔽效能 SE/dB	62	62	83	84	88	90	108	171

表 4-3 给出了各类方法所形成的薄膜屏蔽层的电阻、厚度及所能达到的电磁屏蔽效能值。

表 4-3 各种喷涂方法可达到的屏蔽效能

方法	厚度/μm	电阻/(Ω/mm^2)	屏蔽效能/dB
锌电弧喷涂	12 ~ 25	0.03	50 ~ 60
锌火喷涂	25	4	50 ~ 60
镍基涂层	50	0.5 ~ 0.2	30 ~ 75
银基涂层	25	0.05 ~ 0.1	60 ~ 70
铜基涂层	25	0.5	60 ~ 70
石墨基涂层	25	7.5 ~ 20	20 ~ 40
阴极涂层	0.75	1.5	70 ~ 90
电镀	0.75	0.1	85
化学镀	1.25	0.03	60 ~ 70
银还原	1.25	0.5	70 ~ 90
真空沉积	1.25	5 ~ 10	50 ~ 70
电离镀	1	0.01	50

4.3.4　导电胶与导磁胶

导电胶、导磁胶是电子工业专用胶黏剂。由于目前用作胶黏剂的主体材料都是电磁的非导体，故所有的导电胶、导磁胶都是在普通胶黏剂中添加导电、导磁填料配制而成的。

1. 导电胶黏剂

导电胶黏剂是由树脂、固化剂和导电填料配制而成的。常用的树脂是环氧树脂、聚氨酯、酚醛树脂、丙烯树脂等。导电填料主要有银粉、铜粉、镀银粒子、乙炔炭黑、石墨、碳纤维等，导电填料用得最多的是电阻率低、抗氧化好的银粉。这种银粉一般是由化学置换或电解沉淀法制成的超细银粉。为达到良好的导电性，一般银粉添加量为树脂的 2.5 倍左右，乙炔炭黑或石墨粉等用量为树脂的 50% ~ 100%。

2. 导磁胶黏剂

导磁胶黏剂由树脂、固化剂和导磁铁粉（羰基铁粉）等组成。导磁胶主要用于各种变压器铁心和磁心的胶接。

表 4-4 给出了常用导电、导磁胶黏剂的参数。

表 4-4　常用导电、导磁胶黏剂

牌号及名称	组成	固化条件			剪切强度 MF^A（铝）/MPa				体积电阻率/($\Omega \cdot cm$)	特点
		温度/℃	压力/(N/mm^2)	时间/h	-60℃	20℃	100℃	150℃		
DAD-2 导电胶	聚氨酯，还原银粉	20 或 50	5	965		≥8			$5 \times 10^{-3} \sim 1$	胶接范围广、韧性好
DAD-3 导电胶	酚醛树脂、电解银粉	160	5~1	2~3		>15	(200℃)>10		10^{-4}	胶接温度高、耐热性好
DAD-8 导电胶	环氧树脂、胺、银粉	20	5	24	14.9	17.4	(60℃)10.8		$10^{-3} \sim 10^{-2}$	使用方便，室温固化，强度较高
DAD-24 导电胶	环氧树脂、银粉	130	5	3	6.9	≥5	(120℃)6	4.3	$5 \times 10^{-4} \sim 1$	电阻率低，耐热较好
DAD-10 导电胶	环氧树脂、胺、银粉	100	5	1	7.2	≥5	(60℃)5		$10^{-4} \sim 10^{-3}$	电阻率低
DAD-54 导电胶	环氧树脂、银粉	120	5	3	9.7	≥6		4.5	10^{-4}	电阻率低
HH-701 导电胶	环氧树脂、银粉	20	5	24		≥20			$10^{-4} \sim 10^{-3}$	电阻率较低、胶接强度高
HH-711 导电胶	环氧树脂、银粉	80 150	5	12~3		≥27			$10^{-4} \sim 10^{-3}$	电阻率较低、胶接强度高
DLD-3 导电胶	环氧树脂、铜粉	120	5	3					10^{-3}	价廉，胶接强度高

（续）

牌号及名称	组成	固化条件			剪切强度 MF^A（铝）/MPa				体积电阻率 /（Ω·cm）	特点
		温度 /℃	压力 /（N/mm²）	时间 /h	-60℃	20℃	100℃	150℃		
DLD-5 导电胶	环氧树脂、镀银粒子	120	5	3					10⁻³	价廉，胶接强度高
铜粉导电胶	环氧树脂、铜合金粉	20	5	24		≥8			10⁻⁴~10⁻³	价廉，电阻率较低
导热胶	618 环氧 100 份 液体丁醇 15 份 三乙醇胺 15 份 氧化铍粉 150 份	80~100	5	2~4		≥15				导热性好，可绝缘
导热胶	618 环氧 100 份 液体丁醇 15 份 三乙醇胺 15 份 羰基铁粉 250 份	80~100	5	2~4		≥15				导磁性良好

随着技术的发展，新型导电、导磁胶黏剂也不断产生，如硅脂导电胶、环氧导电胶等。

导电胶的选用也应注意不同材料接触所引起的电化学腐蚀。导电胶对于某些环境因素（如水浸、潮热等）比较敏感，导致胶接接头强度下降，电阻率增高，但对温度不敏感。

4.4 屏蔽体的结构

4.4.1 电屏蔽的结构

根据上述的屏蔽理论，影响电屏蔽屏蔽效能的一个重要因素是分布电容 C，减小 C 就能提高屏蔽效能。因此，电屏蔽体的形状最好设计为盒形，同时还应通过适当的结构设计来进一步减小分布电容。

1. 单层门盖结构

在单层屏蔽盒存在时，电场干扰耦合至屏蔽体的途径如图 4-10 所示，C_1 为干扰源与屏蔽盒盖间的电容，C_2 为受感器与屏蔽盒盖间的电容，Z_j 为盒盖与盒体间的接触阻抗及盒体的接地电阻。Z_g、U_g 分别为干扰源的等效阻抗与电压。

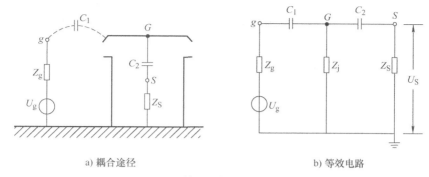

a) 耦合途径　　　　　　　　　　　　b) 等效电路

图 4-10　屏蔽体盒的耦合途径及等效电路

从等效电路可求出受感器上感应电压 U_S 的表达式，考虑到 $|Z_{C2}| \gg |Z_j|$，则有

$$U_S = \frac{j\omega C_1 Z_j}{1 + j\omega C_1 Z_j} \frac{j\omega C_2 Z_S}{1 + j\omega C_2 Z_S} U_g \qquad (4\text{-}47)$$

由式（4-47）可见，在采用了单层盖盒式屏蔽体后，从结构上考虑应尽可能减小盒盖与盒体间的接触阻抗及盒体的接地电阻 Z_j。除结构设计外，还应控制两接触面的表面状态。屏蔽体表面涂覆处理时，应确保电接触表面的金属裸露，装配前必须消除接触面上的绝缘保护层和氧化层，并用有机溶剂（如酒精等）将接触面上的油垢及灰尘除去，保证良好的电接触。

2. 双层门盖结构

为了进一步提高屏蔽效能，机箱可采用双层门，屏蔽盒可采用双层盖如图 4-11 所示，与单层盖的耦合等效电路相比，多了一次衰减，因而可提高屏蔽效能，但每层依然要采取改善电接触的措施。两层盖中央应避免直接接触，当两盖间距过小时，盖间要垫绝缘层。由等效电路可求得受感器上感应电压的表达式

$$U_S = \frac{j\omega C_1 Z_{j1}}{1 + j\omega C_1 Z_{j1}} \frac{j\omega C_2 Z_{j2}}{1 + j\omega C_2 Z_{j2}} \frac{j\omega C_3 Z_S}{1 + j\omega C_3 Z_S} U_g \qquad (4\text{-}48)$$

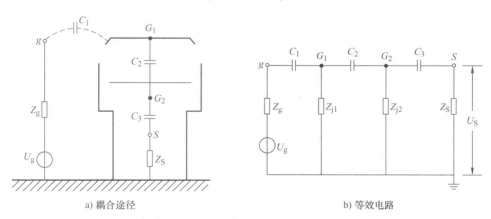

a) 耦合途径　　　　　　　　　　　　b) 等效电路

图 4-11　双层盖屏蔽体盒的耦合途径及等效电路

在电子设备的高频多级放大电路中，经常有几个级联电路共用一只屏蔽盒，中间用隔板将各级电路分开，对于这类屏蔽盒的盒盖处理一般采用共盖和分盖两种方式。两级电路的共盖结构及

其等效电路如图 4-12 所示，从等效电路可以看出，它与单层盖结构是相同的。分盖结构及其等效电路如图 4-13 所示，分盖结构的等效电路与双层盖结构相同，因而其屏蔽效能优于共盖结构。

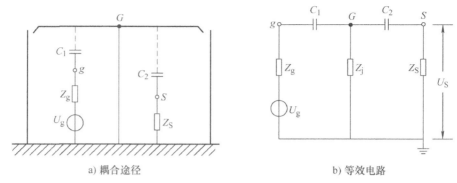

a) 耦合途径　　　　　　　　　　　b) 等效电路

图 4-12　两级共盖结构及其等效电路

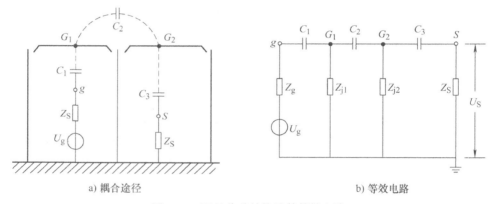

a) 耦合途径　　　　　　　　　　　b) 等效电路

图 4-13　两级分盖结构及其等效电路

4.4.2　磁屏蔽的结构

磁屏蔽是利用屏蔽体对磁通进行分流，因而磁屏蔽不能采用板状结构，而应采用盒状、筒状、柱状的结构。由于磁阻与磁路的横截面积 S 和磁导率成反比，因而磁屏蔽体的体积和质量都比较大。若要求较高的屏蔽效能，一般采用双层屏蔽，此时在体积、质量增加不多的情况下能显著提高屏蔽效能。

双层圆筒屏蔽效能的一组实测曲线如图 4-14 所示，它是在恒定磁场下测量的，材料的 μ_{r1}、μ_{r2} 均为 5000，能直观地分析双层磁屏蔽体结构与屏蔽效能的关系。

当屏蔽体总厚度（包括两屏蔽层间的空气隙）不变时，在气隙约为总厚度的 1/3 时，将获得最大的屏蔽效能，屏蔽体总厚度越大，则屏蔽效能越好。

当屏蔽体总厚度为 1.35mm 时，用 0.3mm 厚的材料制成的双层圆筒与用 1.35mm 厚的同样材料制成的单层圆筒的屏蔽效能几乎相等，而质量减轻了 1/2 左右。当 P 为 6.3mm 时，用 0.8mm 厚的双层圆筒比用 6.3mm 厚的同样材料制成的单层圆筒的屏蔽效能更好，而质量仅为后者的 1/3 左右。

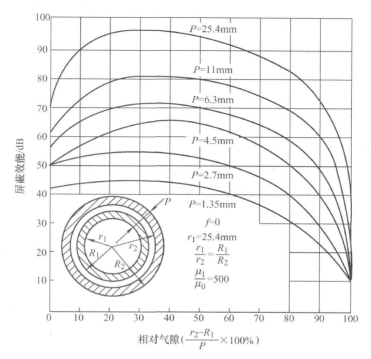

图 4-14　双层圆筒的屏蔽效能与气隙的关系图

4.4.3　电磁屏蔽的结构

电磁屏蔽是利用屏蔽体对干扰电磁波的吸收、反射来达到减弱干扰能量的作用。因此电磁屏蔽可采用板状、盒状、筒状、柱状的屏蔽体。对于电磁屏蔽体，其形状选择的标准以减少接缝和避免腔体谐振为准。对于常见的屏蔽体，可以经过等效球壳来进行计算。因此只要不同形状的屏蔽体容积和壁厚相等，其屏蔽效能也应相等。但实测结果表明，圆柱形机箱的屏蔽效能比长方形机箱高，究其原因，主要是电磁泄漏量不同。

设圆柱体和长方形机箱的高度、体积相等，因而长方形机箱的边长与圆形机箱的半径有如下关系

$$a = \sqrt{\pi} r \tag{4-49}$$

设盖板在机箱的表面，则圆柱体的接缝边长 $L = 2\pi r$，长方体的接缝边长 $L = 4a = 4\sqrt{\pi} r$。因为 $4\sqrt{\pi} > 2\pi$，故长方体的接缝长于圆柱体，很多机箱的盖板沿长边设置，其缝隙更长，这是长方体机箱屏蔽效能较低的第一个原因。

第二个原因是在机械加工时，长方体机箱难以加工出配合较好的接口。第三个原因是长方形机箱的箱体与盖板多用螺栓连接，各段压力不均，易出现翘曲，导致缝隙加宽，而圆柱形机箱的紧固螺栓均匀分布，压力均匀，因此缝隙较窄。从上面的分析来看，显然圆柱形机箱的屏蔽效能要高于长方体机箱的屏蔽效能。

根据电磁理论，屏蔽体是一个具有一系列固有频率的系统，当需要屏蔽的电磁场频率接近并等于屏蔽体的某一固有频率时，屏蔽效能将急剧降低。由于结构设计不当造成的谐振现象的

屏蔽，不仅不能使空间防护区的场减弱，反而会使之加强，此时应改变屏蔽体的形状或尺寸。

在屏蔽要求很高时，单层屏蔽往往难以满足要求，这就需要采用双层屏蔽，但值得注意的是，在结构设计时应注意双层屏蔽的连接形式，只有正确地进行连接，屏蔽体的实际屏蔽效能才与理论计算的屏蔽效能相符合。

4.5 屏蔽体的设计

屏蔽体的实际应用很广泛，包括专门的屏蔽室、设备的外壳或机箱、设备内部敏感单元的屏蔽盒及各种屏蔽线缆等。不同设备及不同工作环境，对屏蔽的要求不同，屏蔽体的设计也各有特点，但其基本原则和处理方法是一致的。

4.5.1 屏蔽体的设计原则

屏蔽是抑制辐射的重要手段，屏蔽设计也是电磁兼容性设计中的重要内容之一。屏蔽体的设计应遵循以下原则及步骤。

1. 确定屏蔽对象，判断干扰源、干扰对象及耦合方式

有时干扰产生的原因很复杂，可能有数个干扰源，通过多种耦合途径作用于同一个干扰对象。这种情况下，首先要抑制较强的干扰，然后再对其他干扰采取抑制措施。为了抑制干扰，可对干扰源或干扰对象进行单独屏蔽，但在屏蔽要求特别高的场合，可以对干扰源和干扰对象都进行屏蔽。

2. 确定屏蔽效能

设计之前，应根据设备或电路未实施屏蔽时存在的干扰发射电平，以及按电磁兼容标准和规范允许的干扰发射电平极限值，或干扰辐射敏感度电平极限值，提出确保正常运行所必需的屏蔽效能值。

3. 确定屏蔽的类型

根据屏蔽效能要求，结合具体结构形式确定采用哪种屏蔽方法。如当屏蔽要求不高时，可采用导电塑料机箱来屏蔽；当要求较高时，可采用单层金属板来屏蔽；当要求更高时，可采用多层屏蔽等的综合屏蔽方法。

4. 进行屏蔽结构的完整性设计

对屏蔽的要求往往与对系统或设备功能其他方面的要求有矛盾。例如，通风散热需要有孔洞，加工时存在缝隙等都会降低屏蔽效能，这就需要采用相关的措施来抑制电磁泄漏，达到完善屏蔽的目的。

5. 检查屏蔽体谐振

检查屏蔽体谐振是一个特别需要注意的问题。因为在射频范围内，一个屏蔽体可能成为具有一系列固有频率的谐振腔。当干扰频率与屏蔽体某一固有频率一致时，屏蔽体就会产生谐振现象，屏蔽效能大幅下降。

4.5.2 屏蔽体设计中的处理方法

1. 屏蔽方式和屏蔽材料的选择

从屏蔽原理和屏蔽效能可知，对于屏蔽电场、磁场和电磁场，采用的方法及要求不同，

应根据干扰磁场的性质来确定屏蔽方法。对于电场，应采用良导体，对屏蔽体厚度没有要求，只要满足机械强度即可。对于电磁场，除了采取良导体外，为抑制其磁场分量屏蔽体还应具有一定厚度，这与电磁波频率及材料有关，在高频情况下，因电磁波的透射深度很小，厚度要求易于满足。对于磁场，可用具有一定厚度的良导体，在低频情况下厚度要求通常无法得到满足，只能采用高磁导率材料，屏蔽体同样应有一定的厚度。

对于设备的屏蔽，一般采用金属外壳。然而，有些设备出于满足用户要求、便于制造出各种形状、降低成本等原因考虑采用塑料外壳。对此，可在其内壁粘贴金属箔，并在接缝处使用导电胶黏剂粘接，以构成一个连续导电的整体，也可采用导电涂料或金属喷涂等方法形成薄膜屏蔽体，还可以使用导电塑料。但这些方法只能用于屏蔽电场和高频电磁场，对于低频磁场则作用很小。

如果单层屏蔽不能满足对屏蔽效能的设计要求，可以采用双层或多层屏蔽结构，但应注意两个屏蔽层之间不能有电气上的连接。如果使用不同的屏蔽材料，靠近磁场干扰源的屏蔽层宜采用高电导率材料，以提供良好的电场屏蔽，并削弱部分磁场强度，使第二层屏蔽不致发生磁饱和，远离干扰源的屏蔽层采用高磁导率材料，以衰减磁场强度，达到对磁场的屏蔽效能。

2. 屏蔽完整性设计

实际的屏蔽体必然是一个不完整的屏蔽体，要保证其屏蔽效果就需要尽量减小屏蔽不完整所带来的影响。在设备中，影响屏蔽不完整的因素主要有两个：一个是为了通风、窥视、开箱等引入的孔缝，另一个是由于电缆线出入引起的穿透。由于穿透引起的屏蔽效能的下降，可以采用滤波的方法加以抑制，下面主要考虑孔缝的影响。

屏蔽体上的孔缝对屏蔽效能的影响主要表现在：对于抑制低频磁场的高导磁材料屏蔽体，由于开孔或开缝影响了沿磁力线方向的磁阻，使其增大，降低了对磁场的分流作用；对于抑制高频磁场和电磁波的良导体屏蔽体，由于开孔或开缝影响了屏蔽体的感应涡流抑制作用，使得磁场和电磁波穿过孔缝进入屏蔽体内；对于抑制电场的屏蔽，由于孔缝影响了屏蔽体的电连续性，使之不能成为一个等位体，屏蔽体上的感应电荷不能顺利地从接地线走掉。因此，如果必须在屏蔽体上开孔或缝，应当注意开孔或缝的形式及方向，尽量减小对屏蔽体中磁场或涡流通量的影响，使其在材料中能均匀分布，以保证削弱外部磁场。

电磁波穿过孔缝的强度取决于孔缝的最大尺寸。一般，当孔缝的最大尺寸大于电磁波波长 λ 的 1/20 时，电磁波可穿过屏蔽体。而当孔缝尺寸大于电磁波波长 λ 的 1/2 时，电磁波可毫无衰减地穿过。因此，为减小孔缝对屏蔽效果的影响，应减小其最大尺寸，使其小于 $\lambda/20$。

需要注意的是，在一个设备中存在许多孔缝，屏蔽完整的考虑并非一味地对所有孔缝都采取完善的措施，而应当根据各个孔缝的尺寸及电磁干扰源的情况，找出主要的泄漏孔缝并加以处理。

下面具体来讨论几种孔缝的情况。

（1）缝隙

在机箱上有许多接缝处，如果接缝处不平整、接缝表面的绝缘材料及油污清理不干净，就会产生缝隙，影响导电结构的连续性一般要求缝隙的长度小于 $\lambda/20$。因此，对于机箱中的接缝，如果是不必拆卸的，最好采用连续焊接。如果不能焊接，则应使接合表面尽可能平整，接合面宽度大于 5 倍的最大不平整度，保证有足够紧固件数目，并保证接合处不同金属材料电化学性能的一致，避免因金属表面腐蚀所致的接合不可靠。在装配时，还要清除表面的油污和氧化膜等。

对于因缝隙造成的屏蔽问题，也可采用电衬垫进行电磁密封处理。电磁密封衬垫安装在两块金属接合处，使之充满缝隙，保证导电连续性。使用电磁衬垫可降低对接触面平整度的要求，减少接合处的紧固螺钉，但应注意选用导电性能好的衬垫材料，有足够的厚度，能填充最大缝隙，对衬垫施加足够的压力（通常变形30%~40%），并保持接触面清洁。

常用的电磁密封衬垫有以下几种：

1）金属丝网衬垫。最常用的电磁密封材料，结构上有全金属丝、空心和橡胶心三种。金属丝网衬垫价格较低，过量压缩时也不易损坏，低频时屏蔽效能较高，但高频时屏蔽效能较低。

2）导电布衬垫。由导电布包裹发泡橡胶制成，具有柔软、压缩性好等特点，可用于有一定环境密封要求的场合，其高、低频的屏蔽效果均较好，价格低，但频繁摩擦易损坏导电表面。

3）导电橡胶。导电橡胶是硅橡胶中掺入铜粉、银粉、镀银铜粉和镀银玻璃粉等导电微粒，结构上有条形材料和板形材料两种，条形材料分空心和实心两种，板形材料则有不同厚度。导电橡胶可同时提供电磁密封和环境密封，常用于有环境密封要求的场合，其屏蔽性能在低频时较差，高频时则较好。导电橡胶整体过硬，配合性能比金属丝网差，且价格较贵。

4）指形簧片。采用铍铜材料，形状多样，因形变量大，常用在接触面滑动接触的场合。其低频和高频时的屏蔽效能较好，但价格较高。

（2）显示窗

对于很小的显示器件，如发光二极管等，只需在面板上开很小的孔，一般不会造成严重的电磁泄漏。但当辐射源距离孔洞很近时，仍会有泄漏发生，此时可在小孔上设置一个截止波导管。对于较大的显示器件，有两种方法：一种是显示窗使用透明屏蔽材料，如导电玻璃、透明聚酯膜、金属丝网玻璃夹层等；另一种是使用隔离舱。无论是透明屏蔽材料还是隔离舱，在安装时都要注意，其边缘与屏蔽体之间不能有缝隙，应保持360°连接。

（3）通风孔

最简单的通风处理就是在所需部位开孔，但这破坏了屏蔽的完整性，为此可安装电磁屏蔽罩。有两种方法：一种是采用防尘通风板，另一种是采用截止波导通风板。防尘通风板一般由多层金属丝网（如铝合金丝网）组成，必要时也会将过滤介质夹在网层之间，其整体被装配在一个框架内，需要电磁屏蔽时，加上抗电磁干扰的衬垫（镀锡包铜钢丝），其特点是价格便宜，使用寿命长，维修、清洁方便。截止波导通风板是将铜制或钢制的蜂窝状结构安装在框架内，以确保有良好的屏蔽性能和通风效果，它价格昂贵，主要用在有高性能要求的屏蔽场合，如屏蔽室、军用设备等。

（4）控制轴

在机箱面板上，为调节电位器、控制元件上轴等的开孔，也会破坏屏蔽的完整性，这些轴也可成为一些潜在电磁干扰的发送或接收天线。为保证屏蔽的完整性，可采用以下方法：直接开孔，并用非金属的轴代替金属轴；在金属轴与外壳之间使用圆柱形截止波导管；使用隔离舱。

（5）连接器

两个屏蔽体内的电路连接时，为使其构成一个完整的屏蔽体，通常采用屏蔽缆线或同轴电缆，为保证屏蔽的完整性，必须使用电缆连接器。连接器的插座配合同轴电缆插头，使屏蔽体壁与电缆屏蔽层构成无间隙的屏蔽体，电缆屏蔽体应与插头均匀、良好地焊接或紧密地压在一起，插座与插头也应保持均匀、良好的接触，以保证没有泄漏缝隙。

第5章
滤波设计

5.1 滤波原理

　　滤波是压缩信号回路干扰频谱的一种方法，滤波技术的基本用途是选择信号和抑制干扰，为了实现这两种不同功能为目标而设计的网络分别称为信号选择滤波器和电磁干扰滤波器。

　　实践表明，即使经过很好设计并且具有正确的屏蔽和接地措施的产品，也会有传导干扰发射或进入设备。滤波是压缩信号回路干扰频谱的一种方法，当干扰频谱的成分不同于有用信号的频带时，就可以用滤波器将无用的干扰过滤减小到一定程度，使传出系统的干扰不至于超出给定的规范，使传入系统的干扰不会引起系统的误动作。滤波器将有用的信号和干扰的频谱隔离得越完善，它对减少有用信号回路内干扰的效果就越好。因此，恰当地设计、选择和正确地使用滤波器对抑制传导干扰是非常重要的。

　　在电磁兼容问题中，人们关心的是电磁干扰（EMI）滤波器，其作用是让有用的信号通过，对干扰信号起抑制或衰减作用。

5.1.1 滤波的特性

1. 插入损耗

　　滤波器在传输信号的过程中，可以视为一个四端网络，如图 5-1 所示。滤波器的主要特性参数有额定电压、额定电流、输入/输出阻抗、插入损耗、功率损耗、相位延迟、质量大小、可靠性、工作温度和其他环境条件等。其中描述滤波器的最主要性能指标是插入损耗（又称衰减）。滤波器性能的优劣主要是由插入损耗决定的，在选择滤波器的时候，应根据信号的频率特性和幅度特性进行选择。

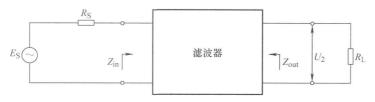

图 5-1　滤波器工作原理

E_S—信号源　　R_S—信号源内阻　　R_L—负载阻抗

　　插入损耗定义为

$$L_{in} = 20 \lg \frac{U_1}{U_2} \tag{5-1}$$

式中，U_1、U_2 为接入和不接入滤波器时信号源在接收端（负载阻抗）上产生的电压。

插入损耗用分贝（dB）表示，值越大说明抑制干扰的能力越强。从图 5-1 可以看出，插入损耗的值不仅取决于滤波器的内在特性，还取决于滤波器的外加阻抗（源和负载的阻抗）。所以，在进行滤波器的设计时，应该要考虑信号频率、源阻抗、负载阻抗、工作电流、环境温度等因素的影响。

2. 频率特性

插入损耗的大小是随工作频率的不同而变化的，通常把插入损耗随频率变化曲线称为滤波器的频率特性。按频率特性，可以把滤波器大致分为低通滤波器、高通滤波器、带通滤波器和带阻滤波器四种。图 5-2 所示为这四种滤波器的频率特性。

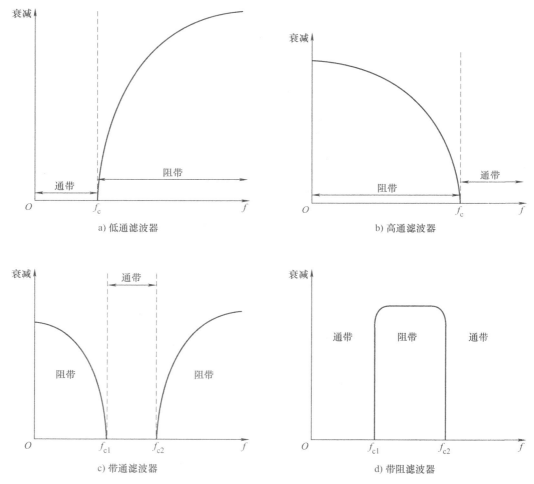

图 5-2　四种滤波器的频率特性

在电磁兼容设计中，滤波器通常指低通滤波器，目的是使低频成分通过，高频成分被衰减。

图 5-3 是几种简单的低通滤波器结构，一般滤波器电路都是由这几种电路组合而成。在前后均为低阻抗的电路（图 5-3a）中，使用简单的电感滤波电路效果更好，衰减可通过 40dB；但在前后均为高阻抗的电路（图 5-3b）中，要使用电容滤波电路才能获得好的衰减

效果，使用简单的电感滤波电路效果不好。对于前后网络的阻抗为一个高一个低的电路（图 5-3c ~ f），采用多组件构成的滤波器才会获得良好的效果，但前提必须是构造正确，原则是使电容器面向高阻抗，使电感器面向低阻抗。

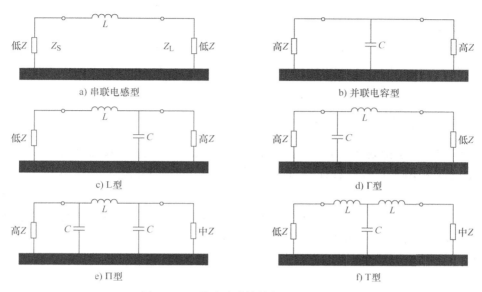

图 5-3   几种滤波器结构与阻抗的关系

3. 阻抗特性

传统上，在滤波器两端的端接阻抗为 50Ω 的器件下描述滤波器的特性，因为这对于测试很方便，另一方面是符合射频标准，但在实际应用中，Z_S 和 Z_L 非常复杂，而且在要抑制的频率点上可能是未知的。如果滤波器一端或两端与电抗性元件相连接，则可能会产生谐振，使某些频率点上的插入损耗变为插入增益。如果构成源或负载的器件的高频特性可以明确给出，则差模阻抗可以预测出，但由电缆或结构的寄生电抗构成的共模阻抗则基本上是无法预测的。在实际中，电缆的共模阻抗除了在谐振点以外，为 $100 \sim 400\Omega$，通常取 150Ω 作为典型值。

无源滤波器由电抗元件组成，其抑制特性不仅取决于它们的参数，而且还取决于它们的端接阻抗。电源线滤波器的高频滤波特性十分重要，如果高频特性不好，会导致设备的辐射发射超标或对脉冲干扰敏感。因此，根据端接阻抗选择滤波器是滤波设计的第一个基本功。

5.1.2   滤波器的分类

滤波器的种类很多，从不同的角度有不同的分类方法。

1）按照滤波器原理，可以分为反射式滤波器和吸收式滤波器。

2）按照工作条件，可分为无源滤波器和有源滤波器。

3）按照滤波特性，可分为低通滤波器、高通滤波器、带阻滤波器和带通滤波器。

4）按照使用场合，可分为电源线滤波器、信号线滤波器、控制线滤波器、防电磁脉冲滤波器、防电磁信息泄漏专用滤波器、印制电路板微型滤波器等。

5.2 反射式滤波器

反射式滤波器是把不需要的频率成分的能量反射回信号源或干扰源，而让需要的频率成分的能量通过滤波器施加于负载，以达到选择信号和抑制干扰的目的。反射式滤波器通常由电感或（和）电容这两种电抗元件组成，在通带内提供低的串联阻抗和高的并联阻抗。在理想的状况下，电感器与电容器无损耗。按照反射原理，除了可构成不同形式的低通滤波器外，也可以构成高通、带通、带阻滤波器。

5.2.1 低通滤波器

低通滤波器用于抑制高频电磁干扰。低通滤波器的种类很多，按照其电路形式可分为并联电容滤波器、串联电感滤波器以及 L 型、Ⅱ 型和 T 型滤波器等。

1. 并联电容滤波器

并联电容滤波器是最简单的低通滤波器，通常连接于带有干扰的导线与回路之间。它用来旁路高频能量、流通期望的低频能量或者信号电流。

其插入损耗（dB）为

$$L_{in} = 10\lg\left[1 + (\pi f R C)^2\right] \tag{5-2}$$

式中，f 为频率；R 为激励源电阻或者负载电阻；C 为滤波器电容。

实际上电容器同时还包含串联电阻以及电感。此效应是由于电容器极板电感、引线电感、极板电阻、引线与极板的接触电阻产生的结果，不同类型的电容器的电感性、电阻性影响是不同的。由于这些电感性的影响，电容器呈现谐振效应；滤波器在低于谐振频率时，呈现容抗；高于谐振频率时，呈现感抗。作为滤波器元件，不同类型的电容器特性可描述如下：

纯金属纸介质电容器物理尺寸小，射频旁路能力差，因为引线与电容器之间有高接触电阻。在小于 20MHz 的频率范围内，可以使用标准铝箔卷绕电容器，超出此频率范围，电容和引线长度限制其使用。云母和陶瓷电容器的容量和体积比很高，串联电阻小，电感值小，具有相当稳定的频率、容量特性，适用于电容量小、工作频率高（高于 200MHz）的场合。穿心电容器高频性能好，具有大约 1GHz 以上的谐振频率，电感值小，工作电流和电压可以很高，有 3 个端子。电解电容器用于直流滤波。电解电容器是单极器件，其高损耗因素或者串联电阻使其不能作为射频滤波元件。直流电源输出端的射频旁路需要使用电解电容器。钽电解电容器的容量与体积的比值大，串联电阻、电感小，温度稳定性好，适用于工作频率小于 25kHz 的场合。陶瓷电容器具有较好的高频特性，可用在干扰滤波上。但陶瓷电容器的容量随着工作电压、电流频率、时间和环境温度等的变化而变化。

2. 串联电感滤波器

串联电感滤波器是低通滤波器的另一个简单形式，在其电路构成上与带有干扰的导线串联连接。

其插入损耗（dB）为

$$L_{in} = 10\lg\left[1 + \left(\frac{\pi f L}{R}\right)^2\right] \tag{5-3}$$

式中，f 为频率；L 为滤波器的电感量；R 为激励源电阻或者负载电阻。

实际的电感器具有串联电阻和绕线间的电容，可以等效为电感与电阻串联再与电容并联。

因此，实际的电感器也存在谐振频率，低于谐振频率时，电感器提供感抗，高于谐振频率时，电感器作为容抗出现。所以与电容器类似，普通的电感器在高频时的滤波性能也并不是很好。

3. Γ 型滤波器

Γ 型滤波器的电路结构如图 5-4 所示。如果源阻抗与负载阻抗相等，Γ 型滤波器的插入损耗与电容器插入线路的方向无关。

对于 Γ 型滤波器，源阻抗与负载阻抗相等时的插入损耗（dB）为

$$L_{in} = 10\lg\left\{\frac{1}{4}\left[(2 - \omega^2 LC)^2 + \left(\omega CR + \frac{\pi f L}{R}\right)^2\right]\right\} \tag{5-4}$$

4. Π 型滤波器

Π 型滤波器的电路结构如图 5-5 所示，是实际中使用最普遍的形式。其优势是容易制造、宽带高插入损耗和适中的空间需求。

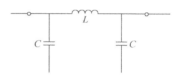

图 5-4　Γ 型滤波器电路结构　　　　图 5-5　Π 型滤波器电路结构

Π 型滤波器的插入损耗（dB）为

$$L_{in} = 10\lg\left[(1 - \omega^2 LC)^2 + \left(\frac{\omega L}{2R} - \frac{\omega^2 LC}{2} + \omega CR\right)^2\right] \tag{5-5}$$

Π 型滤波器抑制瞬态干扰不是十分有效。采用金属壳体屏蔽滤波器能够改善 Π 型滤波器的高频性能。对于非常低的频率，使用 Π 型滤波器可提供高衰减，如屏蔽室的电源线滤波。

5. T 型滤波器

T 型滤波器能够有效地抑制瞬态干扰，主要缺点是需要两个电感器，使电感器的总尺寸增大。

T 型滤波器的插入损耗（dB）为

$$L_{in} = 10\lg\left[(1 - \omega^2 LC)^2 + \left(\frac{\omega L}{R} - \frac{\omega^3 L^2 C}{2R} + \frac{\omega CR}{2}\right)^2\right] \tag{5-6}$$

以上几种形式中，对于选择哪种电路结构，主要取决于两个因素：一是滤波器所连接的电路的阻抗，二是需要抑制的干扰频率与工作频率之间的差别。

选择滤波器电路的形式与滤波器所连接的电路的阻抗有关。对于单电容滤波器，如果需要滤波的电路的源或负载阻抗越高，插入损耗越大；而对于单电感滤波器，则源或负载的阻抗越低，插入损耗越大。

当源和负载均为高阻抗时，可以采用并联电容型、Π 型或多级 Π 型滤波器；当源为高

阻抗，负载为低阻抗时，可以采用 Γ 型或多级 Γ 型滤波器。滤波器中的电容器总是对应高阻抗电路，电感总是对应低阻抗电路。

在确定了滤波电路的形式后，就要确定滤波器的阶数。滤波器的阶数是指滤波器中所含电容和电感的个数，个数越多，滤波器插入损耗的过渡带越短，即衰减得越快，越适合于干扰频率与信号频率靠得很近的场合。当严格按照滤波器设计方法设计电路时，每增加一个器件，过渡带的斜率增加 20dB/10oct（oct 为倍频程）或 6dB/oct。所以，如果滤波器由 N 个器件构成，那么过渡带的斜率为 20NdB/10oct 或 6NdB/oct。

5.2.2　高通滤波器

高通滤波器主要用于从信号通道中排除交流电源频率以及其他低频干扰。高通滤波器的网络结构与低通滤波器的网络结构具有对称性，高通滤波器可由低通滤波器转换而成。当把低通滤波器转换成具有相同终端和截止频率的高通滤波器时，转换方法如下：

1）把低通滤波器相应位置上的电感器换成电容器，此电容器的电容值等于电感器的电感值的倒数。

2）把低通滤波器相应位置上的电容器换成电感器，此电感器的电感值等于电容器的电容值的倒数。

即把每个电感 L 转换成数值为 $1/L$ 的电容，把每个电容 C 转换成数值为 $1/C$ 的电感。

$$C_{HP} = \frac{1}{L_{LP}}, L_{HP} = \frac{1}{C_{LP}} \tag{5-7}$$

5.2.3　带通滤波器与带阻滤波器

带通滤波器是对通带之外的高频或者低频干扰能量进行衰减，允许通带内的信号无衰减地通过，其基本构成方法也可由低通滤波器经过转换而成为带通滤波器。

带阻滤波器的频率特征与带通滤波器正好相反，是对特定的窄带内的干扰能量进行抑制，其通常串联于干扰源与干扰对象之间，构成方法可由带通滤波器转换而来。也可将一带通滤波器并接于干扰线与接地线之间，来达到带阻滤波器的作用。

5.3　电磁干扰滤波器

在电气、电子设备中，用于抑制电磁干扰在电路中传播的滤波器统称为电磁干扰滤波器（EMI 滤波器），也有的称为射频干扰滤波器（RFI 滤波器）。EMI 滤波器通常是由串联电感和并联电容组成的低通滤波器。

5.3.1　电磁干扰滤波器的特点

电磁干扰滤波器与常规滤波器相比，具有以下特点：

1）电磁干扰滤波器往往工作在阻抗不匹配的条件下，干扰源的阻抗特性变化范围很宽，其阻抗通常是整个频段的函数。由于经济和技术上的原因，不可能设计出全频段匹配的干扰滤波器。当一种滤波器的衰减量不能满足要求时，可以采用级联的办法，以获得比单级更好的衰减。

2）干扰源的电平变化幅度很大，有可能使电磁干扰滤波器出现饱和效应。

3）由于电磁干扰频带范围很宽，其高频特性非常复杂，因此难以用集中参数等效电路来模拟滤波电路的高频特性。

4）电磁干扰滤波器在阻带内应对干扰有足够的衰减量，而对有用信号的损耗应降低到最小限度，以保证有用电磁能量的最高传输效率。

在设计电磁干扰滤波器时应考虑以下几个方面：

1）应明确工作频率和所要抑制的干扰频率，如两者非常接近，则需要应用频率特性非常陡峭的滤波器，才能把两种频率分离开来。

2）由于电磁干扰形式和大小的多样性，滤波器的耐压必须足够高，以保证在高压情况下可靠地工作。

3）滤波器连续通过最大电流时，其温升要低，以保证以该额定电流连续工作时，不破坏滤波器中器件的工作性能。

4）为使工作时的滤波器频率特性与设计值相吻合，要求与它连接的信号源阻抗和负载阻抗的数值等于设计时的规定值。

5）滤波器必须具有屏蔽结构，屏蔽体盖和本体要有良好的电接触，电容引线应尽量短。

6）作为电磁干扰防护用的滤波器，其故障往往较其他单元和器件的故障更难寻找，因此滤波器应具有较高的工作可靠性。

5.3.2　电磁干扰滤波器的基本电路结构

EMI 滤波器对电路回路的两根导线进行滤波时，要求其不但要抑制经两根导线流通的干扰信号（差模干扰），还要抑制经任一导线与地回路流通的干扰信号（共模干扰），如图 5-6 所示。其中，U_{DM} 为差模电压，I_{DM} 为差模电流，U_{CM} 为共模电压，I_{CM} 为共模电流。为此，常用的 EMI 滤波器是一个 6 端网络，其基本电路结构如图 5-7 所示，其中，$L_1 \sim L_4$ 为滤波电感，C_d、C_{d1}、C_{d2} 为差模电容，它们接在两根导线之间，用于抑制差模干扰，$C_{c1} \sim C_{c4}$ 为共模电容，它们接在某一根导电与接地线之间，用于抑制共模干扰。

5.3.3　电磁干扰滤波器的阻抗匹配问题

在设计或选择 EMI 滤波器时，一个必须考虑的重要问题就是滤波器的阻抗匹配。滤波器输入端的干扰源阻抗 Z_S 和输出端的负载阻抗 Z_L 可能是任意的，往往不能满足阻抗匹配条件，因而就无法保证滤波器处于最佳工作状态，这就要求在设计时应使 EMI 滤波器在不匹配的情况下也能满足性能要求。

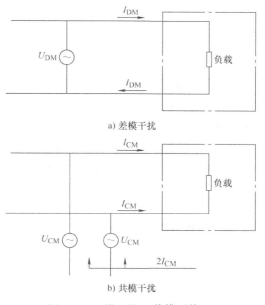

图 5-6　差模干扰和共模干扰

为改善阻抗不匹配情况下的滤波效果，应根据不同情况采用不同结构的滤波器。图 5-8 列出了几种源阻抗和负载阻抗严重失配情况下，建议采用的几种 EMI 滤波器的电路结构。

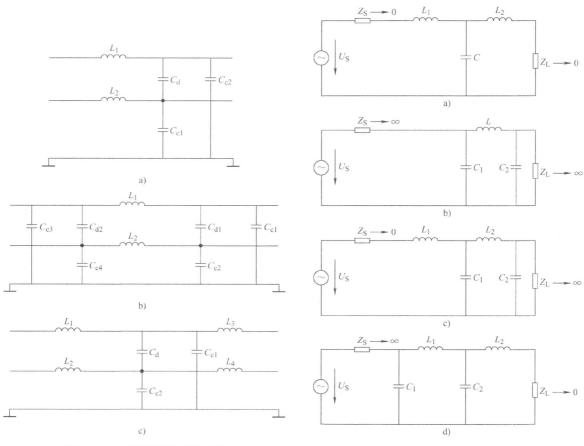

图 5-7 EMI 滤波器的基本电路　　　　　图 5-8　源、负载阻抗严重失配
情况下的 EMI 滤波器结构

应根据源阻抗和负载阻抗确定 EMI 滤波器的网络结构，一般原则是源、负载的低阻抗与串联电感相配合，高阻抗与并联电容相配合。其机理是当源、负载阻抗低时通过串联电感（高阻抗）可阻断干扰信号的传输，当源、负载阻抗高时，串联电感（高阻抗）的阻断作用较小，而采用并联电容（低阻抗）可给干扰信号提供一个低阻抗的分流电路，从而抑制干扰信号的传播。

当源阻抗和负载阻抗都不能确定时，在高频情况下，通常把它们看作是高阻抗，因为这时即使不考虑源阻抗和负载阻抗，串联导线电感的阻抗也较大，建议用并联电容进行滤波。

5.4　电源线滤波器

5.4.1　共模干扰和差模干扰

电源线电磁干扰也分两类，即共模干扰和差模干扰，如图 5-9 所示。其中把相线（P）

与地（G）、中性线（N）与地（G）间存在的干扰信号称为共模干扰，即图 5-9 中的电压 U_{NG} 和 U_{PG}，对相线和中性线而言，共模干扰信号可视为在相线和中性线上传输的电位相等、相位相同的噪声信号。把相线和中性线之间存在的干扰信号称为差模信号，即图 5-9 中的电压 U_{PN}。

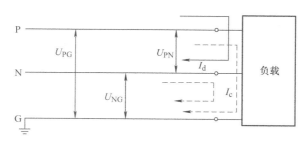

图 5-9　电源线上的共模干扰和差模干扰

对任何电源线上传输的传导干扰信号，都可用共模干扰和差模干扰信号来表示。并且把共模干扰信号和差模干扰信号看作独立的干扰源，把 P－G、N－G 和 P－N 看作独立网络端口，以便分析和处理。

5.4.2　电源线滤波器的网络结构

1. 共模滤波器

通常，将 *LC* 滤波器的负载端接电容器，电源端接电感器，可以设计成低源阻抗且高负载阻抗的共模滤波器，其结构如图 5-10 所示。为了增大衰减，并实现理想的频率特性，可以串联多个 *LC* 级。图 5-10 中，电容器 C_y 将共模电流旁路入地，C_x 将相线-中性线上的共模电流旁路，阻止其到达负载。在需要低源阻抗及低负载阻抗时，可采用 T 型低通滤波器。

由于高负载阻抗，相对地的小电容以及相线对中性线的大电容可有效地滤除共模干扰。然而大电容会导致接地线中出现高漏电流，从而引起电位冲击危害。因此，电气安全机构强化规定了相线-接地线的电容最大限值，以及取决于不同电源线电压所能容许的最大漏电流。

为了避免由放电电流引起的电击危害，相线-中性线的电容 C_y 必须小于 $0.5\mu F$，另外可增加一个泄漏电阻，在冲击危害出现后，可使交流插头两端的电压小于 34V。

共模滤波器的衰减在低频时主要由电感器产生，而在高频时大部分由电容器 C_y 旁路实现。在高频时，电容器 C_y 的引线电感引起的谐振效应具有重要意义。采用陶瓷电容器可以降低引线电感。

2. 差模滤波器

图 5-11 所示为采用电容器位于负载端、电感器位于源端的 *LC* 滤波网络构成的差模滤波器。电感器对差模干扰产生衰减，并联的电容器 C_x 则将差模干扰电流旁路以阻止其进入负载。

3. 组合共模差模滤波器

实际上电源线往往同时存在共模干扰和差模干扰，因此实用的电源线滤波器是由共模滤

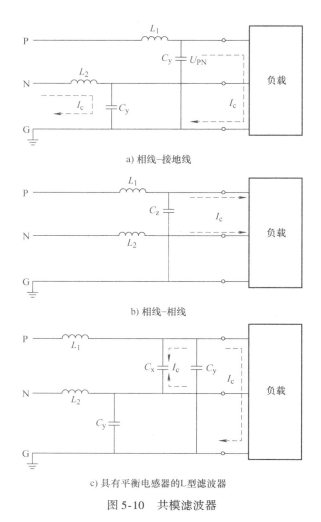

a) 相线-接地线

b) 相线-相线

c) 具有平衡电感器的L型滤波器

图 5-10   共模滤波器

波电路和差模滤波电路组合构成的滤波器。图 5-12 所示为共模、差模组成滤波器的典型电路结构。其中，首先选用 Γ 型滤波器滤除差模干扰，然后用带平衡-不平衡转换电压的 Π 型滤波器滤除共模干扰。

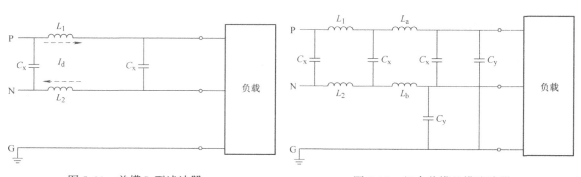

图 5-11   差模 L 型滤波器   图 5-12   组合共模差模滤波器

5.5　EMI 信号滤波器

EMI 信号滤波器是用在各种线（包括直流）上的低通滤波器。它的作用是滤除导线上各种不需要的高频干扰成分。

前已指出，电路板上的导线是最有效的接收和辐射天线，由于导线的存在，往往会使电路板产生过强的电磁辐射，同时这些导线又能接收外部的电磁干扰，使电路对干扰很敏感，因此在导线上使用信号滤波器是一个解决高频电磁干扰辐射和接收很有效的方法。

信号滤波器和线路板安装滤波器按安装方式和外形分类，都有电路板安装滤波器、馈通滤波器和滤波器连接器三种。

电路板安装滤波器适合安装在电路板上，具有成本低、安装方便等优点，但电路板安装滤波器的高频效果不是很理想。馈通滤波器适合安装在屏蔽壳体上，具有很好的高频滤波效果，特别适合单根导线穿过屏蔽体。滤波器连接器适合安装在屏蔽机箱上，具有较好的高频滤波效果，用于多根导线（电缆）穿过屏蔽体。

滤波元件从电路形式上分，有单个电容型、单个电感型、L 型、Π 型等。滤波元件越多，从通带到阻带的过渡带越窄。对于一般民用设备，使用单个电容型或单个电感型就可以满足要求。

信号滤波器在电子设备中的用途可分为以下几种：

（1）屏蔽壳体上的穿线

屏蔽壳体上不允许有任何导线穿过，屏蔽效能再高的屏蔽体，一旦有导线穿过，屏蔽体的屏蔽效能就会大幅度下降。这是因为导线充当了接收干扰和辐射干扰的天线。当有导线要穿过屏蔽体时，必须使用滤波器连接器或馈通滤波器，这样可以将导线接收到的干扰滤除到接地的屏蔽体上，从而避免干扰穿过屏蔽体。

（2）设备内部的隔离

现代电子设备的体积越来越小，器件的安装密度越来越大，这将会带来的问题之一是电路间的相互干扰。特别是数字电路与模拟电路之间的干扰、强信号电路与弱信号电路之间的干扰等，这已成为影响电子设备指标的重要因素。解决这个问题的唯一途径是对不同类型的电路进行隔离。当不同电路之间有互连线时，必须对互连线进行滤波，才能达到真正的隔离。这时要在互连线上使用滤波器连接器、馈通滤波器或滤波器阵列。

（3）电缆滤波

前面已经指出，设备中的电缆也是接收干扰和辐射干扰最有效的天线。干扰主要是通过电缆进出设备产生。解决电缆接收和辐射干扰的主要手段是屏蔽和滤波。虽然使用屏蔽电缆能够有效地减少电缆的电磁干扰辐射和接收电磁干扰的能力，但屏蔽电缆的屏蔽效能对屏蔽层的端接方式依赖很大，而且屏蔽电缆的屏蔽层是金属编织网构成的，在高频时屏蔽效能较差。此外，屏蔽电缆不能消除共模干扰电流。为了改善这种情况，在屏蔽电缆的两端使用滤波器连接器或馈通滤波器是有效的方法。

5.6　滤波器的实现

实际工程应用中，按照电路图制作的滤波器并不一定能取得满意的效果。这是因为在设计滤波器时，均假设电容器及电感器是理想的，但真实情况下的电容器和电感器与理想情况有一定差异。

5.6.1　电容器的实现

对于真实情况下的电容器，其等效电路如图 5-13 所示，除电容分量以外，还有电感分量和电阻分量。电感分量取决于电容引线的长度和电容器结构，引线越长，电感越长，不同结构的电容器具有不同的电感分量，电阻分量则是介质材料固有的。

图 5-13　实际电容器的等效电路

对于这样的等效电路，实际电容器的阻抗特性如图 5-14 所示。显然，由于电容和电感构成了串联谐振电路，因此存在一个谐振点，谐振频率 $f_C = 1/(2\pi\sqrt{LC})$。在谐振点处，实际电容器的阻抗最小，等于电阻分量；在谐振点以下，它呈现电容的阻抗特性；而在谐振点以上，实际电容器则呈现电感的阻抗特性，随频率升高阻抗增大。

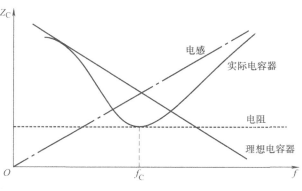

图 5-14　实际电容器的阻抗特性

但设计时是想利用电容的阻抗随频率升高而减小的特性来旁路高频信号的，而实际电容器只有在串联谐振点处阻抗最小，旁路效果最好。超过谐振点后，实际电容器的阻抗反而随频率升高而增大了，旁路效果变差，滤波器性能降低。所以普通电容器构成的低通滤波器对于高频干扰的滤除效果并不理想。

实际工程中，当出现干扰问题时，常在电路输入端或电源线上并联电容器来滤除干扰。为了试验方便，往往将电容引线留得很长，结果导致电容器在很低的频率就失去滤波效能。当滤波电容不起作用时，往往又会加大电容器的电容量，预期能提供更大的衰减，但是电容量越大，谐振频率越低，结果对高频干扰的滤波效果更差。

由于电磁干扰的频率通常较高，所以提高滤波器的高频性能至关重要。因此，在用电容器作为滤波器时需要注意以下问题：

1）电容器的谐振频率与电容的引线有关，引线越长，谐振频率越低，高频滤波效果越差。

2）电容器的谐振频率与电容的容量有关，容量越大，谐振频率越低，高频滤波效果越差，但低频滤波效果增加。

3）电容器的谐振点和谐振点的阻抗与电容器种类有关，如陶瓷电容器的性能优于有机薄膜电容器。

对于电容器谐振导致滤波频率范围过窄的问题，一个简单、易行的方案是将大电容器和小电容器并联使用，大电容器抑制低频干扰，小电容器抑制高频干扰。但这种办法仍存在一定问题。

并联网络的衰减特性随频率变化可以分为 3 个区段：大电容器谐振频率以下，是两个电容器并联的网络；大电容器和小电容器的谐振频率之间，大电容器呈现电感特性，小电容器呈现电容特性，等效为一个 LC 并联网络；小电容器的谐振频率以上，等效为两个电感器并联。问题发生在第二个区段，当大电容器的感抗等于小电容器的容抗时，这个 LC 并联网络就在这一频率上发生谐振，导致阻抗为无限大，所以滤波电路就失去了旁路作用，如果正好在这个频率上有较强的干扰，滤波器是根本不起作用的。

更有效的解决办法是选择三端电容器。与普通电容器不同的是，三端电容器的一个电极上有两根引线，使用时将这两根引线串联在需要滤波的导线中。这样不但消除了一个电极上的电感，而且两根引线电感与电容刚好构成一个 T 型滤波器，所以三端电容器的谐振频率更高，滤波效果更好。

然而，三端电容器虽然比普通电容器在滤波效果上有所改善，但在较高的频率范围内距离理想电容器还有很大差距。这是因为有两个因素制约了它的高频滤波效果：一个是三端电容器的两根引线之间存在分布电容，这个电容导致高频时滤波器的输入、输出端发生了耦合；另一个是电容接地引线上的电感对高频信号呈现较大的阻抗，旁路效果不好。

理想的解决宽带电磁干扰滤波问题应该是使用穿心电容器。穿心电容器实质上也是一种三端电容器，它的内电极连接两根引线，外电极作为接地线。使用时，需要滤波的信号线连接在芯线两端，外电极通过焊接或螺装的方式安装在金属板上。

穿心电容器之所以具有比较理想的滤波特性，是因为用于安装穿心电容器的金属板对滤波器的输入、输出端起了隔断作用，避免了高频时发生耦合，另外就是穿心电容器的外壳与金属面板直接接触，接地阻抗很小，能够起到很好的旁路作用。

5.6.2　电感器的实现

与电容器类似，实际电感器在使用时也并不是理想的。实际电感器的等效电路如图 5-15 所示，除电感分量以外，还存在电容分量和电阻分量。电容分量取决于磁心材料和电感绕制的方法，电阻分量取决于导线电阻的磁心的损耗。

显然，由于电容分量的存在，构成了一个并联谐振电路，谐振频率 $f_C = 1/(2\pi\sqrt{LC})$，实际电感器的阻抗特性如图 5-16 所示。在谐振点处，实际电感器的阻抗最大，滤波效果最好，小于谐振频率时，它呈现电感器的阻抗特性，而大于谐振频率时，实际电感器则呈现电容器的阻抗特性，随频率增加阻抗减小，所以这就与进行滤波器设计时希望电感器的阻抗随频率增加而增大的初衷不符，高频滤波效果变差。

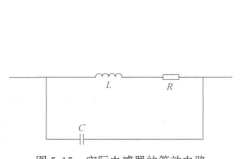

图 5-15　实际电感器的等效电路

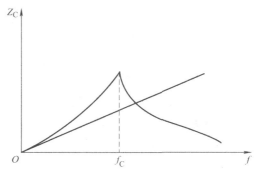

图 5-16　实际电感器的阻抗特性

电感器的寄生电容来自两方面：一是每匝线圈之间的电容，记为 C_{TT}，它与线圈的绕法和匝数有关，绕得越密、匝数越多，电容越大；二是线圈与磁心之间的电容，记为 C_{TC}，这个电容与磁心的导电性及线圈与磁心的距离有关，距离越近，电容越大。

当磁心是导体时，电容并联且比较大，所以 C_{TC} 起主要作用。当磁心不是导体时，起主要作用的就是线圈之间的电容 C_{TT} 了。

因此，减小电感器的分布电容应从两方面入手。如果磁心是导体，应减小线圈与磁心之间的电容，可以在线圈和磁心之间加一层介电常数较低的绝缘材料。减小匝间电容则可以通过以下几个方法：

1）尽量单层绕制。空间允许时，用较大的磁心，这样可使线圈为单层，且增加每匝间的距离，有效减小匝间电容。

2）输入与输出远离。无论什么形式的电感器，输入与输出之间必须远离，否则在高频时输入与输出间感应电容较小，易造成短路。

3）多层绕制方法。线圈匝数较多必须多层绕制时，向外方向绕，边绕边重叠，不要绕完一层后往回绕。

4）分段绕制。在一个磁心上将线圈分段绕制，这样每段的电容较小，总的寄生电容是两段寄生电容的串联，电容量变小。

5）多个电感器串联使用。可将一个大电感分解成若干小电感器串联使用，这样电感器的带宽也得到扩展。

5.7   滤波器的选择与安装

有时设计的滤波器符合原理上的要求，但实际应用时效果并不理想。或者现在市场上有很多成品滤波器，这些滤波器都封闭在金属壳内，可以避免空间干扰直接耦合的问题，且成品滤波器都是经过精心设计的，但滤波的效果也不能达到预期目标。这是因为滤波器的选择与安装也非常重要，需要注意相关的问题与安装方法。

5.7.1   滤波器的选择

实际上，如何选择滤波器已经贯穿于滤波器设计及滤波器件的实现当中了，如考虑电路的额定电压、额定电流、滤波器的插入损耗和频率特性等。此外，应特别注意以下几个问题：

1）并非滤波器的阶数越多，干扰滤除得越干净。滤波器的阶数只决定滤波器的过渡带，阶数越多，过渡带越短，高频的插入损耗越大。对于低通滤波器，如果干扰频率低于滤波器的截止频率，阶数再多也不管用。

2）并非滤波器中的电感和电容越大，干扰滤除得越干净。电容或电感越大，滤波器的截止频率就越低，对低频干扰越有效，但往往高频滤波效果较差。

3）滤波器的体积并非越小越好。滤波器的体积小意味着滤波器中电容器和电感器的体积都比较小，且安装比较紧凑。电容器和电感器的体积小一般是以减小电容和电感的量值为代价的，量值小，截止频率高，牺牲的是低频滤波效果；但在高频时，由于体积小，器件安装得过于紧密，高频时空间耦合严重，滤波性能也比较差，所以一般体积小的滤波器往往性能欠佳。

5.7.2　滤波器的安装

1. 电路板上安装滤波器

许多人愿意将滤波器安装在电路板上，或者干脆将滤波电路直接设计到电路板上，这样做的好处是成本比较低，但并不适合电磁兼容问题中抑制高频干扰。导致这个问题发生的原因有两个方面：

1）首先，滤波器的输入、输出端没有隔离。高频时由于分布电容的存在，会使得输入与输出端直接耦合。其次，这种滤波器的使用方法通常只通过一根接地线接地，所以接地阻抗比较大，削弱了高频旁路效果。再有，机箱内充满了电磁波，特别是有一些高频数字电路、时钟电路等时，这些电磁波会直接耦合到滤波电路本身及输出端，影响滤波效果。

2）设计人员对滤波器原理或实际滤波器及电路的非理想性把握得不够透彻。例如，滤波电容器的接地引线过长，甚至不将共模滤波电容器的接地线连接到设备外壳上。

实际上，通过精心设计，在电路板上安装滤波器是能够改进其效果的，需要注意以下几个问题：

1）设置一块干净地，干净地就是指在上面没有杂散电流。前面讲到信号地上的电流就是信号电流，所以如果滤波器同样使用信号地的话，必然受到干扰，还可能把接地线上的干扰耦合到线缆上。

2）不同线缆上所使用的滤波器要并排设置，也就是保证线缆组内所有线缆没有滤波的部分在一起，已经滤波的部分在一起。否则，一根线缆上没有滤波的部分会重新对另一根线缆已经滤波的部分污染，使线缆整体滤波失效。

3）让滤波器尽量靠近线缆的端口，否则如果引线过长，引线上辐射和感应的电磁波都会很强。必要时可用金属板遮挡一下，近场隔离的效果会更好。

4）保证安装滤波器的干净地与金属机箱之间低阻抗搭接，阻抗越低，高频的旁路效果越好。如果机箱是非金属的，可以在下面加装一块大的金属板作为滤波地。

2. 面板上安装滤波器

当干扰的频率较高或对于干扰抑制的要求很严格时，要在屏蔽体的面板上安装滤波器。面板安装方式的滤波器主要有单体馈通滤波器、滤波阵列板和滤波连接器等几种。在使用面板安装方式的滤波器时，除注意与电路板上安装滤波器的共性问题之外，还需要注意以下几个问题：

1）面板上安装滤波器要安装在金属板上，这种安装方式滤波器的输入、输出端分别在金属面板两侧，金属面板就起到了隔离作用，避免了高频耦合。

2）采用焊接或螺装的方式，要保证滤波器一周与面板可靠焊接或搭接，即保证滤波器与金属面板间接触面大，搭接阻抗低。

3）要使用穿心电容器及电磁密封衬垫，因为滤波器中的滤波电容器是一个非常重要的器件，它能将高频干扰信号旁路到机箱上，如果搭接阻抗很大，会产生很强的噪声电压，进而产生严重的电磁辐射。在防止电磁信息泄露的设备上，毫无例外都采用这种面板上安装滤波器的方式。

如果注意了上述电路板及面板上安装及使用滤波器的方式，滤波效果就绝大部分取决于滤波器本身的性能了，此时的分布参数会非常小。

第6章

瞬态抗扰度

6.1 抗扰度试验性能判据

瞬态干扰的抑制是分层与综合设计法的第五层。常见的瞬态干扰包括电快速瞬变脉冲群（EFT）、雷击浪涌和静电放电等产生的电磁干扰。

产品抗扰度试验的目的是检验产品承受各种电磁强扰的能力。其性能判据可分为四级。

A 级：产品工作完全正常。

B 级：产品功能或指标出现非期望偏离，但当电磁干扰去除后，可自行恢复。

C 级：产品功能或指标出现非期望偏离，电磁干扰去除后，不能自行恢复，必须依靠操作人员的介入，方可恢复，但不包括硬件维修和软件重装。

D 级：产品元器件损坏，数据丢失，软件故障等。

6.2 电快速瞬变脉冲群

电感负载开关系统（如电动机、接触器、继电器、定时器等）断开时，会在断开点处产生瞬态干扰，这种瞬态干扰由大量脉冲组成。如图 6-1 所示，机械开关触点从 t_0 开始逐渐分开，当触点间的电压超过绝缘电压（如 U_1）时开始火花放电，触点间的电压瞬时下降，然后又上升。由于开关触点间距增大，故再次发生火花放电的电压也相应增大。当电压上升至 U_2 时，触点第二次放电，然后 U_3，U_4，…，情况与此相似。但当距离大到一定程度时（对应电压 U_n），触点间会发生辉光放电，借此将电感中的能量全部消耗。对 110V/220V 电源线的测量表明，这种脉冲群的幅值在 100V 至数千伏之间，具体大小由开关触点的机电特性（如触点打开的速度、触点断开时的耐压等）决定，脉冲重复频率在 1kHz ~ 1MHz。对单个脉冲而言，其上升沿在纳秒级，脉冲持续期在几十纳秒至数毫秒之间。为此，IEC 专门制定了标准 IEC 61000—4—4：2012《电快速瞬变脉冲群抗扰度试验》来模拟电快速脉冲群对电气和电子设备的影响，该标准以前的编号为 IEC 801—4。这两个标准的内容实际上一样，仅因为 IEC 行政上的管理要求才出现这种情况。与其对应的国标是 GB/T 17626.4—2018。由于这个标准在国际上非常有影响，不少国际组织或国内相关部门都将此标准引入其产品标准或作为通用标准。以国内为例，空调、预付费电能表、火灾报警器、加油机控制器等产品都已经引入了此标准。从实际测试结果来看，发现很大一部分受试产品（主要是数字式设备）都不能承受这种干扰，经常出现程序混乱、数据丢失、控制电灵等现象。

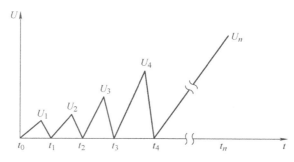

图 6-1　触点断开时放电示意图

6.2.1　对 EFT 的说明

IEC 61000—4—4 对 EFT 的定义有关参数分别是：电压幅值、单个脉冲的上升时间、单个脉冲的脉宽、脉冲群持续时间、脉冲群重复频率和脉冲群周期等。标准规定的参数值通常都是典型值，符合统计规律，但也有例外，例如脉冲群重复频率指标。实际电磁环境下脉冲群的重复频率为 10kHz ~1MHz，但由于受当时元器件水平的限制，该参数只能做到几千赫兹，所以标准规定该参数值为 5kHz 和 2.5kHz 两种。目前，能输出 2.5kHz 脉冲群的产品已成熟，估计几年后，该指标将被修改。

对于上升时间，如果紧邻 EFT 源测量，其上升时间与静电通过空气放电而产生的脉冲上升时间相差无几（约 1ns）。如果离 EFT 源一定距离测量，则由于传输损耗、反射等作用，上升时间将延长。标准中规定的上升时间为 5ns，是在考虑了众多因素以后的折中值。试验时要求受试设备和 EFT 源之间的电缆（电源线、信号线等）长度短于 1m 就是考虑了这一因素。

EFT 信号的频谱宽度 f 为

$$f = \frac{1}{\pi t_r} \tag{6-1}$$

式中，t_r 为单脉冲的上升时间（s）。

将 $t_r = 5\text{ns}$ 代入式(6-1)，可得出 $f = 64\text{MHz}$。

通常用示波器监测 EFT。由于 EFT 频谱很宽，用普通的示波器不能满足要求。以数字示波器为例，其最重要的两个指标见表 6-1。

表 6-1　监测 EFT 示波器的指标要求

测量精度（%）	带宽/MHz	取样速率/（MSa/s）
5	3×70	4×210
10	7×70	4×490

对频带这样宽、幅值又很大的干扰进行抑制不是件容易的事，仅用滤波器来抑制 EFT 难以达到目的，需要用几种方法（如滤波、接地、PCB 布线等）配合使用方能取得较好的效果。大量的试验表明，EFT 的干扰能量不像浪涌那样大，一般不会损坏元器件，它只是使受试设备工作出现"软"故障，如程序混乱、数据丢失等。换句话说，就是产品性能下降

或功能丧失，一旦对产品进行人工复位，或将数据重新写入芯片，在不加 EFT 的情况下产品又能正常工作。

试验等级一般根据受试设备（EUT）安装使用的环境条件进行选择。环境条件分五个等级：

1）具有良好保护的环境，如计算机房。

2）受保护的环境，如工厂和发电厂的控制室或终端室。

3）典型的工业环境，如过程控制装置、高压变电所。

4）严酷的工业环境，如发电站。

5）需要加以分析的特殊环境，如交通枢纽、战场环境。

对于不同的环境，试验等级见表 6-2。

表 6-2　EFT 试验等级

试验等级	电源端口保护地		I/O 信号数据控制口	
1	0.5kV	5kHz	0.25kV	5kHz
2	1kV	5kHz	0.5kV	5kHz
3	2kV	5kHz	1kV	5kHz
4	4kV	2.5kHz	2kV	5kHz
*	特定	特定	特定	特定

注：* 为特定试验等级。

6.2.2　受试设备不能通过 EFT 试验的原因

EFT 信号以共模方式被施加到电源线或信号线上。当从电源线加入时，试验要求每次仅在一根线上加入 EFT 信号，而非同时在每根线上加入。值得注意的是 EFT 源的电压基准是一块铺设在地面上的铜（或铝）板（至少 $1m \times 1m$），称为参考地平面（简称 GRP），而非受试设备电源线中的接地线。在高频段时，受试设备的接地线已被去耦合网络隔断。如果受试设备机壳上还有接地柱，则将它与参考地平面相连有可能起到一定的旁路作用，但使用何种导线接到参考地平面要符合产品技术条件要求。

对一个输入阻抗为 $1M\Omega$ 的受试设备（输入阻抗为其他值时的情况与此类似），试验表明，当从相线 L 加入 EFT 信号时，在受试设备的 L、N、G 端会同时得到差模电压和共模电压，即在 L、N 之间，在 L、G 之间，在 N、G 之间会得到不同的电压。去除 AC 220V 电压波形的幅值用 U_{LN} 表示 L、N 之间的 EFT 电压，U_{LG} 表示 L、G 之间的 EFT 电压，U_{NG} 表示 N、G 之间的 EFT 电压，所得数据见表 6-3。

表 6-3　受试设备输入端监测的电压

EFT 干扰源输出/V	在受试设备输入端监测的电压
1000	$U_{LN} = 518V$，$U_{LG} = 526V$，$U_{NG} = 48V$
2000	$U_{LN} = 1.34kV$，$U_{LG} = 1.36kV$，$U_{NG} = 308V$

试验时，可用数字示波器（1GHz 带宽，5GSa/s 取样速率）和电压探头（120MHz 带宽，1500V 耐压）。由于探头的带宽有限，故所测参数精度稍差，但仍有参考意义。

当 EFT 信号从中性线 N（或接地线 G）加入时，情况与加入到相线 L 上时的情况类似，也会在 L、N、G 这三个端子上同时产生差模、共模干扰信号。

从中性线 N 施加 2000V 时

$$U_{LN} = 1.01\text{kV}, \; U_{LG} = 328\text{V}, \; U_{NG} = 1.44\text{kV}$$

从接地线 G 施加 2000V 时

$$U_{LN} = 276\text{V}, \; U_{LG} = 936\text{V}, \; U_{NG} = 904\text{V}$$

由此可见，当 EFT 源输出 2000V（这是用得最多的试验等级）电压时，会有 1000V 左右的差模和共模电压从受试设备的电源加入。这个量级远远超过了电磁兼容试验的要求。

如果受试设备的阻抗小于 $1\text{M}\Omega$，则监测到的电压将会小一些。

如果受试设备在电源端没有好的滤波性能，则 EFT 信号会有一部分进入受试设备的后续电路。众所周知，现代电子很少有不含数字电路的，而数字电路对脉冲干扰比较敏感。侵入到后续电路的 EFT 信号通过直接触发或静电耦合，会使数字电路工作异常。在 IC 输入端，EFT 对寄生电容充电，通过众多脉冲的逐级累积，最后达到并超过 IC 的抗扰度限值。

另外，侵入的 EFT 信号还会通过 PCB 的公共接地线强扰受试设备，此处的地线是指电子设备中各电路和单元电位基准的连接线，即信号接地线。由于任何接地线既有电阻又有电抗，所以当有电流流过时，必然会产生电压降。对于 EFT 信号，其电流变化极快，含有大量高频分量。根据

$$U = -L \frac{\text{d}i}{\text{d}t} \tag{6-2}$$

可知在公共接地线上很容易产生电位差，电压正比于 L 和 $\text{d}i/\text{d}t$。如果此电压降低于数字电路的抗扰度电平，那么不会有干扰问题出现，否则有可能对共用该接地线的其他电路单元产生干扰。

表 6-4 和表 6-5 给出了厚为 0.03mm 的印制线在 70MHz、100MHz 频率下的阻抗典型值。

表 6-4　70MHz 时的印制线阻抗

长/mm	10			30			100			300		
宽/mm	1	3	10	1	3	10	1	3	10	1	3	10
阻抗/Ω	3			12	9	6	51	41	31	181	152	121

表 6-5　100MHz 时的印制线阻抗

长/mm	10			30			100			300		
宽/mm	1	3	10	1	3	10	1	3	10	1	3	10
阻抗/Ω	5			17	13	9	73	59	44	258	218	173

由表可见，印制线的阻抗值相当可观，一旦有一定大小的电流流通（EFT 的 $\text{d}i/\text{d}t$ 较大），在公共地上产生的电压降就不能不考虑了。

举例说明：

TTL 电路具有 3ns 上升时间和 30mA 瞬变电流，含有 100MHz 频谱分量。若电源回线是 3mm 宽、100mm 长，则其阻抗为 59Ω。在回线上产生的共模电压约为 1.1V。由于 TTL 的直流噪声容限为 0.4V，因此该逻辑器件将因受到干扰而产生误动作。

此外，扎线不合理，如将强电和弱电电缆绑在一起、将敏感电路和干扰电路放得太近、将信号地和强电电源地放在一起等，都可能成为 EFT 试验不能通过的原因。

6.2.3　抑制 EFT 的方法

抑制 EFT 的方法有：

1）使用 EFT 滤波器或吸收器。

2）减小 PCB 接地线公共阻抗。

3）将干扰源远离敏感电路。

4）在软件中加入抗干扰指令。

5）正确使用接地技术。

6）安装瞬变干扰吸收器。

6.3　雷击浪涌

雷电干扰对人类的生活危害极大。雷电不但对人类的生存造成很大的威胁，而且对树木、房屋以及电气设备都会造成很大的损害和破坏。据统计，地球每秒就有 100 多次闪电，每次闪电产生的能量可供一个 100W 的灯泡亮 3 个月；在雨季，平均每 6 分钟就有一个人被雷电击中；每年有成千上万的人因雷电击中而丧生，还有大片的森林因雷电击中而起火烧毁。雷电还经常使高压电网以及通信出现故障，使城市供电和通信中断，引起城市交通失控出现混乱；连英国的白金汉宫也曾遭受过雷电严重破坏，20 世纪 50 年代，白金汉宫就是因一块窗帘布被雷电击中而起火燃烧；上海电视台平均每年要遭受 33 次大的雷击，每次雷击都会使电子设备遭受不同程度的损坏；1992 年 6 月 22 日，北京国家气象中心多台计算机接口因感应雷击被毁，损失 2000 多万元；1992 年 8 月 23 日，赣州市 60% 的有线电视和 50% 闭路电视遭受过雷击，其中 91 台电视机因感应雷击而毁于一旦；2006 年 6 月 9 日，韩国一架大型客机在空中遭受雷击，头部解体脱落，幸好没有人员伤亡。

地球也是一个带电体。根据实验测试，在地球表面存在一个垂直向下的稳定电场，电场强度 E 约为 100V/m，场强的大小随高度的增加而减弱。另外，根据实验测试，在地面附近大气的电导率 σ_0 约为 3×10^{-14}S/m，且随高度的增加而增加，由此可知地球表面的电流密度 j 的方向指向地心。

6.3.1　全球雷击的一些数字

全球雷击的统计数据如下：

1）全球每年有数千人死伤于雷击事故。

2）全球平均每年要发生 1600 万次闪电。

3）根据记录，直击雷电流最大值为 210kA，平均值为 30kA。

4）每次雷击所产生的能量大约为 5.5×10^5kW·h，足以点亮 100 万个灯泡 1h。

5）雷电产生的温度可高达 30000K（5 倍于太阳表面温度）。

6）每年全球在雷害事故中的经济损失有数 10 亿美元。

7）根据 IEEE 统计，在一处电网中每 8min 便有一个瞬变脉冲电压产生，这相当于每

14h 便有一次具破坏性的冲击。

8）据统计，在欧美国家每年有 20% ~ 30% 的计算机故障是因感应雷引起。

9）在我国广东省每年雷击 1000 多次，造成直接及间接经济损失达数亿元。

6.3.2 雷害形式——直击雷与感应雷

雷电波频谱中主要频谱分量集中在 0 ~ 20kHz，而雷电能量主要集中在 100Hz ~ 1000kHz，工频（0 ~ 100Hz）附近的能量只占总能量的 2.3% 。雷电电磁辐射的平均能谱在 25 ~ 100MHz 之间，辐射的频谱峰值集中在 60 ~ 70MHz。

1. 直击雷

每次雷电的产生其实是大量的正、负电离子互相中和时的放电现象，这种现象可以透过云层内部、云块与云块之间、云块与空气、云块与大地（地上的建筑物等）的瞬间放电中和形成，当然以直击雷的破坏性而言，莫过于云块与地上的物体发生放电所造成的毁灭性破坏。

2. 感应雷

雷电放电过程中包括雷云与雷云之间放电，或通过击打物体或直接击向大地，会产生强大的静电感应和磁场感应，最终在附近金属物体或引线中产生瞬间尖峰冲击电流而破坏设备。感应雷主要是透过电阻性或电感性两种方式耦合到电子设备的电源线、控制信号线或通信线上，最终把设备打坏。

6.3.3 雷害带来的后果

1. 直击雷带来的后果

由于雷电发生时的能量巨大，平均可达 250kJ，温度可高达 3000K（5 倍于太阳表面温度），所以如有任何非金属物体（高电阻）成为这种放电的导通物体，必然会化为灰烬。

2. 感应雷带来的后果

感应雷所造成的破坏性后果一般体现在下列四种层次：

1）传输或储存的信号或数据，不论数字或模拟的都会受到干扰或丢失，甚至使电子设备产生误动作或暂时瘫痪。

2）由于重复受到较小幅度的雷电冲击，元器件虽不会马上烧毁，但已降低了性能及寿命。

3）若情况较严重，电子设备的电路板及元件会当即烧毁。

4）整个系统停顿，如银行计算机服务停顿、移动电话通信中止等间接经济损失都大于设备遭破坏的直接损失。

6.3.4 雷击与瞬变脉冲电压

直击雷发生时，产生的二次感应效应透过电阻性及电感性而破坏电子设备。造成破坏的实际原因是因为它在电源线、信号线或数据线上产生了瞬变（毫秒至微秒级）脉冲电压。

这种瞬变脉冲电压的峰值远远高于一般设备所能承受的 700V 水平。根据国际上多个防雷标准如 AS/NZS 1768—2007、IEEE－587、IEC 1024 等把一个建筑物内的电源输入及数据线所能感应到的最高电压及电流分为 A ~ E 五区，见表 6-6。

表 6-6　雷电感应国际分级

类别	定　义	模拟雷电波形（按最高等级）
A 区	建筑物最深入处，离主进线电源柜最少 18m 后的电源输出位置	6kV（1.2/50μs），500A（8/20μs）
B 区	离主进线电源柜最少 9m 后的电源输出位置	6kV（1.2/50μs），3kA（8/20μs）
C 区	主进线电源柜及其隔墙外	20kV（1.2/50μs），10kA（8/20μs）
D 区	半山/高地/空旷地方	可达 120kA
E 区	高山地区/高雷击区	可达 200kA

每区的最高感应电压及电流又以此建筑物所在的位置不同而分为高、中及低雷击风险度，不同风险度有不同的感应电压及电流，详细数据见表 6-7。

表 6-7　A、B、C 区的最高感应电压和电流

区域	雷击风险度	最高感应电压/kV	最高感应电流/A
A 区电源输入雷电感应	低	2	167
	中	4	333
	高	6	500
B 区电源输入雷电感应	低	2	1
	中	4	2
	高	6	3
C 区电源输入雷电感应	低	6	3
	中	10	5
	高	20	10
C 区数据线雷电感应	低	1.5	2.5
	中	3	5
	高	5	10

虽然每次雷电产生时其冲击波所持续的时间并不完全一样，但国际上如 IEEE - 587，BS 6651，IEC 1024，UL 等用于测试防雷器性能的雷电模拟脉冲都是有标准规定的。

试验等级根据安装的条件来分类。

0 级：良好的电气环境，有一次和二次过电压保护，通常处于特殊房间内，浪涌电压不超过 25V。

1 级：有部分保护的电气环境，有一次过电压保护，浪涌电压不超过 500V。

2 级：电源线与其他线路分开，电缆隔离良好，浪涌电压不超过 1kV。

3 级：电缆平行敷设的电气环境，浪涌电压不超过 2kV。

4 级：户外电缆沿电源线敷设的环境，浪涌电压不超过 4kV。

5 级：非人口稠密区的电气环境。

浪涌测试试验等级见表 6-8。

6.3.5 雷害的防护

一个完整的防雷方案应包括两方面，即直击雷的防护和感应雷的防护，缺一不可。

1. 直击雷的防护

直击雷防护主要是使用避雷针、女儿墙避雷带、导地体和接地网，再加上主体钢筋一起形成一个笼式框架，即法拉第网。这个笼式的框架，如果要达到理想的效果，那么在没有避雷针的情况下，必须在最高部位布有不大于10m×20m的金属网格，整座建筑物的金属体如水管、铁门、天线等都要与这个笼式框架联在一起，以达到最理想的防雷保护作用。

1752年富兰克林在对避雷针的保护特性研究中发现，避雷针所能保护的范围会因建筑物的高度不同而受影响，在不超过20m高度的情况下，所有在其45°方圆范围内的物体都会得到保护，而随着高度的增加，保护范围会减少。

如果建筑物比较高，如100m，避雷针的保护范围一般会根据"滚球原理"的方法得出。

2. 感应雷的防护

如前所述，感应雷主要是透过电源线、信号线或数据线入侵而破坏电子设备，所以感应雷的防护是要在各种线路的进出端口安装适当而优良的防雷器。

（1）安装防雷器应考虑的因素

1）设备所在的地方是否处于高雷击区且经常有雷电发生。

2）设备本身的价值是否很高，值得保护。

3）设备一旦发生损坏，是否容易导致人员伤亡。

4）如果设备本身价值不高，那么一旦它遭雷电击坏后，是否导致较严重的间接经济损失。

5）接地网的设计及连接情况。

6）设备的外接线路是否加有屏蔽，并且远离建筑物的导地金属体。

（2）防雷器必须具备的条件

1）动作时间快：小于25ns。

2）相容性：它不会对其所保护的设备或线路造成任何干扰及中断。

3）能承受高电流：虽然直击雷电流可达200kA，但一般二次感应雷电流不会超过10kA，因此防雷器必须能承受10kA或以上的雷电电流。

4）低"允通"电压：能把6000V的雷电冲击电压降到600V，这是一般电子设备所能承受的范围，即低于700V。

5）全面保护：电源防雷器必须能提供相线对接地线，中性线对接地线及相线对中性线的全面保护。

6）反复使用：在正常使用情况下可承受多次感应雷击，而自动恢复原始保护状态。

表 6-8　浪涌测试试验等级

等级	电压/kV
1	0.5
2	1.0
3	2.0
4	4.0
*	特定

注：测试电源端口时，线地间的电压是线线间电压的2倍。

7）长寿命：经过老化测试能连续工作 20 年左右。

8）安装简易。

6.4 静电放电产生的电磁干扰

静电放电一般用 ESD 表示，它会导致电子设备严重损坏或操作失常。半导体专家以及设备的用户都在想办法抑制 ESD。ESD 能量的传播有两种方式：放电电流通过导体传播或激励一定频谱宽度的脉冲能量在空间传播。

当两个物体接触时，其中一个趋于从另一个吸引电子，因而二者会形成不同的充电电位。物体通过摩擦或感应积累电量。摩擦起电是一个机械过程，依靠相对表面移动传送电量。传送的电量取决于接触的次数、表面粗糙度、湿度、接触压力、摩擦物质的摩擦特性以及相对运动速度。一个人或一辆车所能带的电量的电压很大程度上由它们的电容决定。

静电放电在一个对地短接的物体暴露在静电场中时发生。两个物体之间的电位差将引起放电电流，传送足够的电量以抵消电位差。这个高速电量的传送过程即为 ESD。在这个过程中，将产生潜在的破坏电压、电流以及电磁场。

与 ESD 相关的 EMI 能量上限频率可以超过 1GHz，取决于电平、相对湿度、靠近速度和放电物体的形状。在这个频率上，典型的设备电缆甚至印制电路板上的走线会变成非常有效的接收天线。因而，对于典型的模拟或数字设备，ESD 倾向于感应出高电平的噪声。

在 ESD 中，波源附近的电磁场常显示出以下的趋势：当电压相对来说比较低时，脉冲窄并且上升沿陡，随着电压的增加，脉冲将变成具有长拖尾的衰减振荡波。

EMI 场强随放电电压的增长呈减小的趋势。而放电脉冲的上升时间随着电火花间隙和放电电压的增大而变长。同时，随着火花间隙的增大（增加放电电压），从离火花一定距离的地方观察到的频谱集中在低频范围内。

ESD 场的研究采用解析分析的方法，基于一个简单的电偶极子模型。例如，电火花模型可以简化为短的、与时间相关的线性源（或电偶极子），位于无限大的接地平板上。辐射场是由两个因素决定的：瞬态电流以及它的上升时间。其中一个因素可能比另一个更显著，这取决于观测点的位置是在 ESD 火花的近场区还是在远场区。

电场倾向于激励高阻天线和电压敏感性电路，因而可以通过使某些潜在天线的阻抗变小而使这种激励减小。但这样可能增强磁场干扰，因为磁场比电场更容易穿透低阻抗屏蔽。磁场容易激发孔洞和缝隙泄漏，最容易被低阻天线特别是电路回路接收，因而避免使用回路是一条好的设计原则。

解析分析显示 ESD 近场是磁场，磁场直接依赖于 ESD 电流。由此，可以预测最大的场强与最大的电流电平有关。磁场的远场与电场一样，依赖于对时间的导数。因而，具有低电平、高速上升沿的 ESD 放电火花将对周围的设备产生最大的干扰。

6.4.1 ESD 对电子设备的影响

对 ESD 电流产生的场可以直接穿透设备，或通过孔洞、缝隙、通风孔、输入输出电缆等耦合到敏感电路。当 ESD 放电电流在系统内部流动时，它们激发路径中所经过的天线，这些天线的发射效率主要依赖于尺寸。ESD 脉冲所导致的辐射波长从几厘米到数百米，这些辐射能量产生的电磁噪声将损坏电子设备或干扰它们的运行。

电磁噪声可通过传导或辐射方式进入电子设备，在 ESD 的近场，辐射耦合的基本方式可以是电容或电感方式，取决于 ESD 源和接收器的阻抗。在远场，则存在电磁场耦合。

如果 ESD 感应的电压和（或）电流超过电路的信号电平，电路操作将失常。在高阻电路中，电流信号很小，信号用电压电平表示，此时电容耦合将占主导地位，ESD 感应电压为主要问题。在低阻电路中，信号主要为电流形式，因而电感耦合占主导地位，ESD 感应电流将导致大多数电路出现问题。

两种主要的破坏机制是：由于 ESD 电流产生热量导致设备的热失效；由于 ESD 感应出高的电压导致绝缘击穿。两种破坏可能在一个设备中同时发生，例如绝缘击穿可能激发大的电流，这又进一步导致热失效。

因为使设备产生损坏比导致它失常所需的电压和电流要大一至两个数量级，损坏更有可能在传导耦合时产生。也就是说，ESD 电火花必须直接接触电路才能造成损坏，而辐射耦合通常只导致失常。

6.4.2 静电防护

静电放电是高电位、强电场、瞬态大电流的过程。其电位较高，至少有几百伏，典型值在几千伏，最高可达上万伏。带电人体对接地体产生火花放电时，产生的瞬态脉冲电流的强度可达几十安甚至上百安，所产生的上升时间极快（短于 10ns）、持续时间极短（多数只有几百纳秒）的电磁脉冲，它所形成的静电放电电磁脉冲（ESD/EMP）将产生强烈的电磁辐射。其电磁能量会引起电子系统中敏感器件误操作甚至损坏。现在已与高空核爆炸形成的核电磁脉冲（NEMP）及雷电电磁脉冲相提并论。

ESD 会导致产品操作失常或严重损坏。其能量的传播有两种方式：

1）传导方式：放电电流（$t_r = 0.7 \sim 1ns$）通过导体传播，侵入电路，使芯片误动作甚至损坏。刷形放电和火花放电的峰值电流可达几百安。刷形放电在电位较高的静电非导体与导体间发生，发生时有声光；火花放电发生在相距较近的带电导体之间。

2）辐射方式：放电电流通过导体传播，激发经过的"天线"，或激励一定频谱宽度（约 300MHz，上限可超过 1GHz）的电磁波在空间传播；可以直接穿透机箱，或通过孔洞、缝隙、通风孔、输入输出电缆等耦合到敏感电路。

如果感应的电压或电流超过抗扰度限值，该电路性能将下降或失效。

静电放电现象是客观存在的，防止静电对元器件损伤的途径包括：在元器件的设计制造上，进行抗 ESD 设计和工艺优化，提高元器件内在的抗 ESD 能力；采取静电防护措施，使器件在制造、运输和使用过程中，避免静电带来的损伤。抗 ESD 设计和工艺优化可分为：PCB 防护设计、系统防护设计、加工环境防护设计、应用环境防护设计（一般应达到 2000V 以上的防护要求）。

6.4.3 静电安全区

1. 静电安全区的等级和基本要求

（1）静电安全区的等级

静电安全区的等级见表 6-9。

（2）静电安全区基本要求

1）仪器设备、装置和人员的接地系统。

2）使用静电耗散和抗静电材料，绝缘体必须离开静电敏感器件 12in（约 30cm）以上。

表 6-9　静电安全区的等级

等级	防护区的静电电位最高限值/V
1	100
2	500
3	1000

3）安装静电消除器（250V/s）。

4）工作人员尤其是操作人员的静电防护装备。

5）配置防静电器具如防静电烙铁等，或采取临时处理。

6）控制防静电工作区的湿度和洁净度。

2. 安全回路（泄放）电阻

（1）泄放电阻下限的确定

给工作区内的操作人员提供防电击条件，并防止快速放电产生的火花。根据人体电击时有能力脱离险境的极限电流（$10 \sim 16\text{mA}$）的要求，取安全电流为 5mA 进行计算，得 $R = (4.4 \times 10^4 \sim 7.6 \times 10^4)\ \Omega$，则 R 应大于 $1.0 \times 10^5\ \Omega$，对已带有静电的器件进行保护，同时也防止快速放电产生的火花。

（2）泄放电阻上限的确定

由 1s 内将 5000V 静电电压衰减到 100V 安全电压的最大容许接地电阻值决定。

根据

$$U = U_0 \mathrm{e}^{-\frac{t}{RC}} \tag{6-3}$$

取 $U_0 = 5000\text{V}$，$U = 100\text{V}$，$t = 1\text{s}$，$C = 200\text{pF}$，可得 $R = 1.28 \times 10^9\ \Omega$。

因此，安全区内的安全泄放电阻一般要保证小于 $10^9\ \Omega$，即无论是桌垫、地垫还是接地腕带，只要其系统电阻小于 $10^9\ \Omega$，即可保证在 1s 内放电至安全电压，这就大大减少了敏感器件在静电作用下损坏的机会，同时也防止散逸速度慢于静电累积速度时，累积很高的静电。

6.4.4　抗静电材料

通常电阻值越低的物质，其静电散逸速度越快，不易累积静电，但要防止快速放电产生的火花。反之，电阻值越高的物质，其静电散逸速度越慢，如果散逸速度慢于静电累积速度，则容易累积很高的静电。在化工制程中经常遇到静电荷累积在绝缘的产品或设备上，若能采用抗静电的产品或设备并实施接地，则静电荷能很容易地向大地散逸。抗静电材料的分类如下：

1）导体：$0 \sim 10^5\ \Omega$/单位面积。

2）静电耗损材料：$10^9 \sim 10^{12}\ \Omega$/单位面积。

3）抗静电物质：$10^9 \sim 10^{12}\ \Omega$/单位面积。

4）绝缘物质：$10^{12}\ \Omega$/单位面积以上。

静电接地的具体事例如下：

1）火箭：火箭发射前必须静电接地。火箭外壳各箱段、再入体及弹体结构的各部分间应电搭接良好，搭接电阻小于 25mΩ。保证火箭在发射前，整体处于地电位；发射后，静电荷能通过搭接线分布于火箭壳体上，避免火箭外表面间隙发生静电放电，使火箭内部电路不会受到静电危害。

2）飞机：飞机着陆或停在机场时应通过导电轮胎、停机接地线等实施静电接地。飞机的金属构件之间应采用永久性搭接，如焊接、锻压等，以保证飞机在飞行中不出现静电放电。

3）油罐车：使用导电橡胶轮胎。

4）可燃性液体金属容器：使用导电性垫或裸露的金属板接地。

5）炸药生产设备：由于体电阻率高，即使置于金属容器内直接接地，也可能发生容器与炸药间的静电放电，所以应采取间接接地。例如，三料混桶用 126 个铜螺钉固定在木料上，再用导电胶将铜螺钉电连接，并与接地体连接，使绝缘导体有效接地，并使静电较快泄放。

6.4.5 减小 ESD 影响的设计导则

有很多办法减小 ESD 产生的 EMI 影响：完全阻止 ESD 的产生，阻止 EMI 耦合到电路或设备以及通过设计工艺增加设备固有的抗干扰性。

在一个环境中控制 ESD 而完全阻止 ESD 的产生是有可能实现的。但是对于 ESD 场中的设备，必须通过设计工艺来增强系统的抗干扰性。常用的设计方法是在设备危险点，例如输入端和地之间设置保护电路，这些电路仅仅在 ESD 感应电压超过限值时发挥作用。它们提供低阻抗的切换通道，系统存储的电荷可以由这些通道安全地流入地。保护电路可以包括多个电流分流单元。在工作时间，其中的一个单元能迅速打开，分流 ESD 电流，直到第二个更强力的单元被激活。集成电路中的保护单元主要功能是避免设备损坏。为了避免设备功能失效，可以将计算机锁定，将包含集成电路的电子电路附加保护措施。

1. 电子设备 ESD 保护电路设计

（1）ESD 保护电路要点

1）旁路释放保护电路：其作用是将静电荷通过该保护电路释放掉，避免对功能元器件的静电损伤，即泄放大电流。

2）限压/限流保护电路：其作用是减缓静电的放电速度，使放电电压/电流小一些，钳制器件端口的电位。

3）介质隔离技术：采用绝缘介质如塑料机箱、空气间隙及绝缘材料等把内部系统和元器件与外界隔离。

4）屏蔽技术：使用金属屏蔽外壳，防止大的 ESD 电流冲击内部电路。

5）电气隔离技术：PCB 上安装光耦合器或者变压器（电源）、光纤/无线和红外线（信号通路），实现电气隔离。

6）使用 ESD 泄放回路及 RC 网络等。

7）外接 ESD 保护器件。

8）合理的 PCB 布局、布线。

（2）外接保护器件须具有的特性

1）低的钳位电压。

2）能泄放的大的 ESD 电流。

3）能承受 ESD 的重复作用而不受破坏。

4）反向漏电流小。

5）尺寸小。

2. 采用外接 ESD 保护电路需注意的几个问题

1）减小外接 ESD 保护器件的电容。采用轨到轨拓扑结构（rail-to-rail topology）可以有效地减小电容。

2）优化 ESD 保护器件的布局。

3. 静电防护设计步骤

1）定位静电敏感电路。

2）确定静电干扰路径。

3）确定是传导还是辐射干扰：将静电干扰直接加在静电敏感电路的信号线上，如果系统正常，可排除传导干扰；将静电干扰直接加在单板正面或背面，如果抗扰能力不同，则为辐射干扰。

4）根据静电干扰及耦合方式，确定降低静电敏感电路对静电放电耦合的方法。

6.4.6 附加保护措施

电路的设计中应考虑到不允许出现无限制的等待或截止状态。

设备中不用的输入端不允许处于不连接或悬浮状态。

滤波器（分流电容或一系列电感或两者的结合）阻止 ESD 耦合到设备。如果输入为高阻抗，一个分流电容滤波器（使用分布电感非常小的电容）最有效，因为它的低阻抗将有效地旁路高的输入阻抗，分流电容越接近输入端越好（在保护设备引脚的3～4cm 以内）。如果输入阻抗低，使用一系列铁氧体元件可以提供最好的滤波，这些铁氧体元件也应尽可能接近输入端。

在1ns 内可以打开的瞬态抑制器可用于代替分流电容，这些抑制器在打开并开始导通之前必须有高达几百微法的电容。

PCB 设计在提高系统的 ESD 抗干扰特性中起着重要的作用，PCB 上的走线是 ESD 产生 EMI 的发射天线。为了把这些天线的耦合降低，线要求尽可能的短，包围的面积尽可能的小。同时，当元件没有均匀地遍布一块大板的整个区域时，共模耦合得到了增强。使用多层板或接地线网格减小耦合，也能抑制共模辐射噪声。

外壳设计是另一个阻止 ESD 辐射及传导耦合的关键。一个完整的封闭金属壳能在辐射噪声中起屏蔽作用，但由于从电路到屏蔽壳体可能产生传导耦合，因而一些外壳设计使用绝缘体。在绝缘壳中，放置一个金属的屏蔽体。大多外壳在保持完整性的基础上还有孔洞、排气口、螺杆等，如果用几个小孔代替一个大孔，从 EMI 抑制的角度来说则更好。为减小 EMI 噪声，缝隙边沿每隔一定距离应使用电连接。

一个正确设计的电缆保护系统可能是提高系统非敏感性的关键。作为大多数系统中最大的天线，电缆特别易于被 EMI 感应出大的电压和（或）电流。从另一方面，电缆提供低阻抗通道，如果电缆屏蔽同机壳地连接可间接地避免传导耦合。为减少辐射 EMI 耦合到电缆，线长和回路面积要减小，应抑制共模耦合并且使用金属屏蔽。在电缆的两端，电缆屏蔽必须与壳体屏蔽连接。

除了硬件措施外，软件 EMI 方案也是减少系统锁定等严重失常的有效方法。软件 ESD 抑制措施分为两种常用的类型：刷新、检查并恢复。刷新涉及周期性地复位到休止状态，并且刷新显示器和指示器状态。只需进行一次刷新然后假设状态是正确的，其他的事就不用做了。检查过程用于决定程序是否正确执行，它们在一定间隔时间被激活，以确认程序是否在完成某个功能。如果这些功能没有实现，一个恢复程序被激活。

ESD 产生的电磁场能量会导致设备运行失常甚至损坏。EMI 通过传导或辐射方式影响电子设备，耦合到一个设备中集成电路上的能量与峰值电场以及电场的转化产物成比例。

6.4.7 静电放电试验

静电放电试验用来检验遭受静电干扰时产品的性能。静电放电分为接触放电和空气放电。对 EUT 的导电表面和耦合平面采用接触放电，对 EUT 的绝缘表面采用空气放电。EUT 应在所有正常运行状态下进行试验。静电放电试验等级见表 6-10。

表 6-10　静电放电试验等级

等级	接触放电电压/kV	空气放电电压/kV
1	2	2
2	4	4
3	6	8
4	8	15
*	特定	特定

此试验为直接放电，必要时还要进行间接放电试验。

6.5 瞬态干扰抑制器

由于滤波器的输入、输出阻抗与电网以及负载阻抗严重失配，对瞬态干扰的抑制能力非常有限。目前最有效的办法是采用瞬态干扰抑制器，将大部分能量转移到地。

6.5.1 避雷管

早期的避雷管是气体放电管，一个电极接可能耦合瞬态干扰的线路，另一个电极接地。瞬态干扰出现时，管内气体被电离，两极间的电压迅速降到很低的残压值（2~4kV）上，使大部分瞬态能量被接地线迅速转移，使设备得到保护。避雷管通流容量大（100kA 以上），功耗大大降低，漏电流小，目前已固化，体积很小。避雷管具有很强的浪涌电流吸收能力，很高的绝缘电阻（>10⁴MΩ）和很小的寄生电容（<2pF），对产品正常工作不会产生有害影响。但其响应时间较慢（≤100ns），只适用于线路保护和产品的一次保护。

当避雷管两端电压超过耐压强度时，避雷管击穿并产生电弧放电，把干扰能量导出，完成保护线路的功能，其特点是响应快、可承受多次浪涌冲击、电容小、无方向性（具对称性），可应用于电话机、传真机、调制解调器保护，信号线保护，交流线路的保护，有线电视、同轴电缆保护。一般部件电压范围为 75～10000V，耐冲击峰值电流 2000A，可承受高达几千焦的放电。

优点：通流量容量大，绝缘电阻高，漏电流小。

缺点：残电压较高，反应时间慢（≤100ns），动作电压精度较低，有跟随电流（续流）。

避雷管的主要参数有：

1）反应时间：指从外加电压超过击穿电压到产生击穿现象的时间，一般在 100ns 数量级。

2）功率容量：指气体放电管所能承受及散发的最大能量，其定义为在（8/20）μs 电流波形下所能承受及散发的电流。

3）电容量：指在特定的 1MHz 频率下测得的两极间电容量，一般小于或等于 1pF。

4）直流击穿电压：当外施电压以 500V/s 的速率上升时，产生火花放电时的电压。

5）温度范围：−55～125℃。

6）电流–电压特性曲线。

7）绝缘电阻：指在外施 50V 或 100V 直流电压时测量的电阻，一般大于 $10^{10}\Omega$。

6.5.2　压敏电阻器

压敏电阻器（VSR）为多个 PN 结并联和串联在一起的电压敏感型钳位保护器件。当加在其两端的电压低于标称压敏电压时，其电阻接近无穷大，而超过标称压敏电压后，电阻值便急剧下降。它对瞬态电压的吸收作用是通过钳位方式实现的，并转换为热量，其响应时间小于 50ns。其主要参数为：

1）标称压敏电压 U_{1mA}，即击穿电压或阈值电压，指在 1mA 规定电流下的测得电压，为 10～9000V 不等。一般 $U_{1mA}=1.5U_P$ 或 $U_{1mA}=2.2U_{AC}$，U_P 为电路额定电压的峰值，U_{AC} 为额定交流电压的有效值。Z_{n0} 压敏电阻的电压选择是至关重要的，它关系到保护效果与使用寿命。如额定电源电压为 220V，则压敏电压 $U_{1mA}=1.5U_P=1.5\times1.414\times220V=467V$，或 $U_{1mA}=2.2U_{AC}=2.2\times220V=484V$。因此，标称压敏电压选在 470～480V 之间。

2）通流容量（kA），即在环境温度为 25℃情况下最大脉冲电流的峰值，通常选用 2～20kA。

3）残压比，即规定峰值为 8/20μs 标准冲击电流通过压敏电阻后，两端的峰值电压（称为最大限制电压）与压敏电压之比，为 1.7～1.8。

6.5.3　瞬态电压抑制器

随着电子信息技术的迅速发展，当前半导体器件日益趋向小型化、高密度和多功能化。因此，要求保护器件必须具备低钳位电压以提供有效的 ESD 保护，而且响应时间要快，以满足高速数据线路的要求，封装集成度高以适用便携设备印制电路板面紧张的情况，同时还要保证多次 ESD 过程后不会劣化以保证高档设备应有的品质。瞬态电压抑制器（transient voltage suppresser，TVS）正是为解决这些问题而产生的，它已成为保护电子信息设备的关键性技术器件，是专门设计用于吸收 ESD 能量并且保护系统免遭 ESD 损害的固态元件。

TVS 是一种二极管形式的高效能保护器件。当 TVS 二极管的两极受到反向瞬态高能量冲击时，它能以 10^{-12}s 量级的速度，将其两极间的高阻抗变为低阻抗，吸收高达数千瓦的浪涌功率，使两极间的电压钳位于一个预定值，有效地保护电子线路中的精密元器件，免受各种浪涌脉冲的损坏。由于它具有响应时间快、瞬态功率大、漏电流低、击穿电压偏差小、钳位电压较易控制、无损坏极限、体积小等优点，目前已广泛应用于计算机系统、通信设备、交/直流电源、汽车、电子镇流器、家用电器、仪器仪表（电能表）、RS232/422/423/485、I/O、LAN、ISDN、ADSL、USB、MP3、PDAS、GPS、CDMA、GSM、数字照相机的保护、共模/差模保护、RF 耦合/IC 驱动接收保护、电机电磁干扰抑制、声频/视频输入、传感器/变速器、工控回路、继电器、接触器噪声的抑制等各个领域。

1. TVS 的特点

1）将 TVS 二极管加在信号线及电源线上，能防止微处理器或单片机因瞬态脉冲，如静电放电、浪涌及开关电源干扰所导致的失灵。

2）静电放电能释放超过 10000V、60A 以上的脉冲，并能持续 10ms；而一般的 TTL 器件，遇到超过 30ms 的 10V 脉冲时，便会导致损坏。利用 TVS 二极管，可有效吸收此脉冲，并能消除由总线之间开关所引起的串扰。

3）将 TVS 二极管放置在信号线及接地线之间，能避免数据及控制总线受到干扰。

2. TVS 的选用

1）确定被保护电路的最大工作电压、电路的额定电压和"高端"容限。

2）TVS 额定反向关断电压 U_{RWM} 应大于被保护电路的最大工作电压。若选用的 U_{RWM} 太低，会影响电路的正常工作。

3）TVS 的最大钳位电压 U_C 应小于被保护电路的耐压等级电压。

4）在规定的脉冲持续时间内，TVS 的最大峰值脉冲功耗 P_M 必须大于被保护电路内可能出现的峰值脉冲功率。在确定了最大钳位电压后，其峰值脉冲电流应大于瞬态电流。

5）对于数据接口电路的保护，必须注意选取具有合适电容 C 的 TVS。

6）根据用途选用 TVS 的极性及封装结构。交流电路选用双极性 TVS 较为合理，多线保护选用 TVS 阵列更为有利。

7）温度考虑。瞬态电压抑制器可以在 $-55 \sim 150℃$ 之间工作。如果需要 TVS 在一个变化的温度工作，由于其反向漏电流 I_D 随温度升高而增大；功耗随 TVS 结温增加而下降，温度从 25℃ 到 175℃，大约线性下降 50%，而击穿电压 U_B 随温度的升高按一定的系数增加，因此必须考虑温度变化对其特性的影响。

3. TVS 主要应用

1）高速数据线保护。

2）USB 端口保护。

3）便携式设备保护。

4）局域网和宽带网设备保护。

5）交换系统保护以及以太网交换机保护。

6.5.4 高清多媒体接口（HDMI）的 ESD 保护设计

首先，每对差动信号线的数据传送速度达到 3.4Gbit/s，低电容 ESD 保护对于保持数据完整性非常关键。其次，多个 HDMI 端口限制了器件和布线的空间选择，同时还要考虑它们相互间的影响，要求保护器件封装尺寸要小。最后，价格也是一个重要的因素。

高分子静电抑制器（PESD）双向保护器件放在 HDMI 连接器的后面，可以达到 IEC 61000-4-2 标准，空气放电测试时为 ±15kV，接触放电 8kV 的要求。信号对地的电容为 0.05~0.25pF、漏电流极小（<0.05μA）、极快的响应时间（0.5ns），封装尺寸小，符合 EIA 标准的 0603（长 0.6mm，宽 0.3mm）和 0402，而且价格低于硅器件。

应把 ESD 抑制器直接放置在连接器的后面。ESD 抑制器应该是第一个遭遇 ESD 瞬变的板级器件。任何需要保护的芯片均应尽可能地远离 ESD 抑制器。

PESD 器件安装位置的相对优先级，按从高到低的顺序排列如下：①位于作为系统屏蔽（机壳）中的入口连接器的内部；②位于电路板迹线与连接器插脚相互作用的位置；③位于电路板上紧挨在连接器后面的位置；④位于可以高效耦合至 I/O 线路的性能稳定且未受保护的传输线路；⑤位于数据传输线路上的一个串联阻性元件之前；⑥位于数据传输线路上的一个分支点之前；⑦靠近 IC。

PESD 到被保护的 IC 距离应降至最小。需要保护的 IC 通常自身带有 ESD 保护，但这只属于器件级的防护，且一致性较差，需要 PESD 器件协助（耦合）到设备或系统级的 EST 防护。机壳的地应是 ESD 基准，而不是信号（数字）地，其目的是把 ESD 从信号环境中屏蔽出去，使 ESD TVS 保护器件以机壳的地为基准，可免受那些不希望的噪声效应（如接地反跳）的影响，从而尽量保持"干净"的信号（数据）环境。

6.5.5　USB 端口的 ESD 防护

在使用 USB 设备时通常都采用热插拔，此时存在静电放电的隐患。现代计算机越来越多地采用低功率逻辑芯片，由于 MOS 的电介质击穿和双极反向结电流的限制，使这些逻辑芯片对 ESD 非常敏感。用户在插拔任何 USB 外设时都可能产生 ESD。因此，针对 USB 元件的 ESD 防护已经迫在眉睫。

低电容瞬态抑制二极管阵列（NUP4201DR2 器件）可用于 USB 2.0 或者 USB 1.1 元件的 ESD 防护。

6.5.6　多级组合保护电磁兼容设计准则

1）主要是根据被保护线路的信号速度来考虑，速度越高，需要选择结电容 C_D 越小的器件。

2）再根据信号电压选择合适的 U_{RWM}，根据极性选择单向还是双向。

3）然后考虑需要抗多高的静电和 P_{pp} 峰值功率。

4）将这些参数结合需要保护的引脚（线路）数量，选择单路或多路。

5）如果被保护器件通信速率很高，则应当选择容抗小的 ESD 保护器件。

6.5.7　多级组合保护电路原理

当浪涌电压加在保护电路输入端时，响应速度最快的 TVS 管首先动作。适当选择电感（10μH）或电阻（2Ω）的参数，使放电电流在 L_2 上的电压降加上 TVS 管的电压降达到压敏电阻器 MOV 管的击穿电压，MOV 管开始动作。当放电电流在 L_1 上的电压降加上 MOV 管的电压降达到避雷管 GDT 管的击穿电压，GDT 管开始动作，释放更大的浪涌电流，如图 6-2 所示。

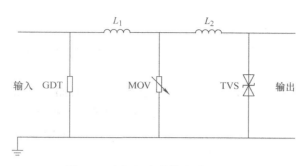

图 6-2 多级组合保护电路原理图

6.5.8 嵌入式机器人控制

随着信息化、智能化、网络化的发展，嵌入式技术获得了广泛的应用。面对工控领域对象，嵌到各种控制应用系统和电子产品中，实现嵌入式应用的计算机系统，称嵌入式系统（embedded system）。嵌入式系统是以应用为中心，以计算机技术为基础，软件、硬件可剪裁，适应系统对功能、可靠性、成本、体积、功耗等严格要求的专用系统。

嵌入式机器人控制器由硬件和软件两大部分组成。嵌入式处理器是嵌入式系统硬件中最核心的部分。其中从单片机、数字信号处理器（digital signal processor，DSP）到现场可编程门阵列（FPGA），品种越来越多，寻址空间可以从 64KB 到 16MB 以上；速度越来越快，可达 2000MIPS 以上；性能越来越强，价格也越来越低，封装从几个引脚到几百个引脚以上。嵌入式处理器可以分为嵌入式微控制器（micro controller unit，MCU）、嵌入式 DSP、嵌入式微处理器（micro processor unit，MPU）、嵌入式片上系统（system on chip，SoC）等。除了嵌入式处理器以外，还有用于完成存储、通信、调试、显示等辅助功能的外围设备，包括存储器、接口和人机交互设备等。

典型的嵌入式机器人控制系统包括控制器、驱动系统、传感器和被控的机器人机械本体等。控制器可以采用 PC 负责完成机器人运动学解算、轨迹规划，并向下面的伺服驱动器发布控制命令等。基于 PC 的机器人控制器采用嵌入式 DSP 处理器，完成对外部芯片的控制。两片 128KB 的 8bit 存储器组成 16bit 的存储器，可存放程序和数据。MAX232 芯片完成 TTL 电平信号与标准 RS232 信号之间的转换，用于接收来自上位机串口的信号。MAX 芯片用于组成 RS485 现场总线网络。如果使用 RS232 接口，则可以直接通过 PC 的串口，向驱动器发送伺服命令，控制电机按照要求运转。如果要建立网络，则需要使用 RS232 到 RS485 的信号转换，然后通过 PC 串口向多个模块发送网络控制命令，组建 RS485 网络，实现复杂的控制功能。与基于 PC 的控制系统相比，嵌入式机器人控制器具有以下突出优点：

1）采用 32/64 位微处理器，处理能力大，体积更小。

2）内嵌实时操作系统（RTOS），具有实时性，克服了基于 PC 的控制系统非实时性的缺点。

3）可支持大屏幕液晶显示器，提供功能强大的图形用户界面。

4）键盘响应也具有很高的实时性，可以完全满足信息的输入和对控制系统的干预等工作。

5）可为控制系统专门设计，其功能更专、成本更低，而且开放的用户程序接口保证了系统能够快速升级和更新。

6）体积小，只有 PC 的 1/10。

7）成本低，可以量身定做，去掉不需要的部件，可以将成本降到最低并提高可靠性。

8）功耗小，适合野外环境。

嵌入式机器人控制器采用的嵌入式微处理器为 32 位 ARM（advanced RISC machine）结构微处理器，外围扩展存储器接口，液晶显示器、键盘、触摸屏作为人机交互接口，通过 RS232 和 USB 与 PC 进行通信。嵌入式机器人控制器与网络伺服驱动器之间采用串行通信方式，具有连接简单、成本低、可靠性高的优点。

嵌入式系统软件主要有实时系统和分时系统。实时系统可以严格地按时序执行功能，分硬实时系统和软实时系统。多任务实时操作系统是嵌入式系统软件的必需。嵌入式机器人控制器使用基于 μC/OS – Ⅱ 内核的 RTOS。由于 ARM7/TDMI 芯片的操作系统和用户程序的地址编译完后是固定的，并编译在一起，最后生成一个文件下载到嵌入式机器人控制器中便可执行。

嵌入式系统是一个十分复杂的数字信息传输与处理的系统。由于高速化、高灵敏化、高密度集成化、小型化、多功能化等特点，其电磁兼容问题越来越突出。它们易受到外界电磁场的干扰，从而影响工作的稳定性、安全性和可靠性；而本身的电磁干扰发射，还会造成电磁污染或信息泄漏，引发信息安全问题。也就是说，他们既是电磁干扰源，又是电磁干扰的敏感源。所以，嵌入式机器人控制器电磁兼容设计已成为亟待解决的问题。

1. 有源器件的选型和印制电路板设计

嵌入式机器人控制器电磁兼容设计首先要做到重在治本，其一就是有源器件的正确选型和 PCB 设计，它是分层与综合设计法的第一层。

当数字集成电路在发生 "0""1" 变换时，会有瞬间变化电流 di/dt 从所接电源流入门电路，或从门电路流入接地线，这个变化电流就是 ΔI 噪声的初始源，亦称为 ΔI 噪声电流或浪涌电流。

由于信号线、电源线和接地线等都存在一定的引线电感，瞬间变化电流 di/dt 将通过感抗引起尖峰电压，即 ΔI 噪声电压，称为同步开关噪声（simultaneous switch noise，SSN），会引发地电位和电源电压的波动，产生电磁干扰发射，所以引线电感是产生传导干扰和辐射干扰的根源。

人们普遍认为，在 PCB 设计中，需要考虑的关键问题是时钟频率，其实时钟波形的上升时间 t_r 才是最关键的因素。上升时间 t_r 定义为从波形的 10% 处上升到 90% 处所需的时间。如果在互连线的一端输入方波，要求在另一端也得到方波，则该互连线不仅必须能传输方波的基波，还必须能传输全部高次谐波，至少为 15 次谐波。这就是说，PC 的时钟频率并不重要，上升时间和需要重新产生的谐波才是最重要的。描述这个要求的词语就是带宽 BW，即最高频率分量。

$$\text{BW} = \frac{1}{\pi t_r} = \frac{0.35}{t_r} \tag{6-4}$$

设 $\Delta I = 4\text{mA}$，$t_r = 2\text{ns}$，$L = 500\text{nH}$，则 ΔI 噪声电压 $U = -L di/dt = -500\text{nH} \times (4\text{mA}/2\text{ns}) = -1\text{V}$。

Ldi/dt 将浪涌电流转换为尖峰电压。L 越大，t_r 越小，di/dt 越大。尖峰电压就越大。

（1）有源器件的选型

芯片封装直接影响 IC 的电容和电感，也是产生电磁干扰的原因之一。芯片通过封装连接到 PCB 上，芯片本身就是一个复杂系统，所以减小引线电感应从芯片封装做起。封装是指安装半导体集成电路芯片用的外壳，它不仅起着安放、固定、密封、保护芯片和增强电热性能的作用，而且还是沟通芯片内部与外部电路的桥梁——芯片上的接点用导线连接到封装外壳的引脚上，这些引脚又通过印制电路板上的导线与其他器件建立连接，衡量一个芯片封装技术先进与否的重要指标是芯片面积与封装面积之比，这个比值越接近 1 越好。封装技术已经历了几代的变迁：

1）通孔插入式封装（through-hole package）。双列直插式封装（dual in-line package，DIP）是 20 世纪 70 年代的封装，最大引脚数为 64 条。其芯片面积/封装面积 = 1:8.6，与 1 相差很远，说明封装效率很低，引线电感很大。

2）表面安装式封装（surface mounted package）。20 世纪 80 年代出现了芯片载体封装，芯片面积/封装面积 = 1:7.8。

3）直接黏结式封装（direct bonding package），如板载芯片（COB）、载带自动键合（TAB）。

20 世纪 90 年代出现的倒装芯片（flip chip，FC），制成凸点电极，将裸芯片倒置在基板上（芯片凸点电极与印制电路板上相应的焊接部位对准），用再流焊连接。$L < 100pF$，可见引线电感大大减小。采用这种封装的典型例子有：球栅阵列封装（ball grid array package，BGA），芯片面积/封装面积 = 1:4；芯片尺寸封装（chip size package 或 chip scale package，CSP），芯片面积/封装面积 = 1:1.1。也就是说，单个芯片有多大，封装尺寸就有多大。

以下封装可获得更小芯片面积/封装面积的比值，引线电感更小。

1）板载芯片（COB）：将芯片的背面粘贴在电路基板上，再行打线及胶封。

2）裸芯片组装（bare chip assembly）：以芯片正面的各电极点直接反扣熔焊在板面。

3）载带自动键合（TAB）：多接脚大型芯片组装，是裸芯片贴装技术之一。芯片粘贴在载带上，将凸点电极与载带的引线连接，然后用树脂封装。

嵌入式机器人控制器采用的嵌入式微处理器（ARM 结构微处理器）、嵌入式 DSP、MAX232 芯片、μC/OS-Ⅱ内核芯片和 ARM7/TDMI 芯片等均为裸芯片组装，引线电感接近零，使芯片电磁干扰发射接近零。

芯片电源电压 U_{cc} 也是选择芯片的重要因素。对于 50Ω 传输线，$U_{cc} = 5V$ 时，$\Delta I = 100mA$；$U_{cc} = 3.3V$ 时，$\Delta I = 66mA$；$U_{cc} = 1.8V$ 时，ΔI 减小到 36mA。所以，降低 U_{cc} 可以有效降低 ΔI 噪声电压，明显降低 EMI。嵌入式机器人控制器芯片电源电压分别为 0.8V、0.9V、1.0V。

嵌入式机器人控制器有源器件的抗扰度特性与发射特性是依据集成电路电磁兼容试验标准 IEC 61967《集成电路 150kHz ~ 1GHz 电磁辐射的测量》和 IEC 62132《集成电路电磁抗扰度测量》，通过参数选择或试验选择确定的。

（2）PCB 设计

PCB 的 EMC 设计是嵌入式机器人控制器 EMC 设计的基础。在 PCB 设计阶段处理好 EMC 问题，是实现电磁兼容最有效、成本最低的手段。嵌入式机器人控制器选用无芯板

（全积层）全层导通孔构造的积层多层板（如 ALIVH）——层间电气互连是通过小孔堵塞导电胶实现，孔径为 0.2mm 或更小，可大量节省表面积；任意过孔、任意走线，设计自由灵活，开发周期短；走线密度大，有利于设备的小型化；基板质量减小 60%，体积减小 30%。

对于两根载有相同方向电流的导线，总自感为

$$L = \frac{L_1 + L_2 - M^2}{L_1 + L_2 - 2M} \tag{6-5}$$

式中，L_1、L_2 分别为导线 1 和导线 2 的自感；M 为互感。

$$M = \frac{L_1}{1 + \left(\dfrac{a}{h}\right)^2} \tag{6-6}$$

式中，a 为间距；h 为离地面距离。

当 $L_1 = L_2$ 时，则

$$L = \frac{L_1 + M}{2} \tag{6-7}$$

当细导线相距 1cm 以上时，互感可以忽略，故

$$L = \frac{L_1}{2} \tag{6-8}$$

对于多层板

$$L = \frac{L_1}{n} \tag{6-9}$$

式中，n 为层数。

对于两根电流方向相反的平行导线，例如信号线与回流线形成的回路，由于互感作用，能够通过加大互感，有效地减少电感。总自感可表示为

$$L = L_1 + L_2 - 2M \tag{6-10}$$

当 $L_1 = L_2$ 时，有

$$L = 2(L_1 - M) \tag{6-11}$$

当 $a = 0$，$L_1 = M$ 时，有

$$L = 0$$

产生的磁场与环路面积成正比，由输出和回流产生的磁场相互抵消，故引线电感为零。因此，环路面积为零是 PCB 设计时布线的基本原则。这一点是与低频设计完全不同的。环路面积为零不仅电磁干扰为零，而且电磁抗扰度最好。

PCB 布局基本原则：首先，作好不兼容分割，元器件的位置应按电源电压、数字及模拟电路、速度快慢、电流大小等进行分组，以免相互干扰；其次，在安装、受力、受热和美观等方面应满足要求。

（3）电磁干扰发射的抑制方法

优选多层板使引线电感 L 尽可能减小。多层板设计首先要决定多层板的层数和层的布局，取决于功能模块分布、性能指标要求和成本。决定层数的因素包括、功能要求、信号分类隔离要求、阻抗控制要求、元器件密度、布线条数、振铃限制等。多层印制电路板的层间安排随着电路而变。

嵌入式机器人控制器选用 8 层板，第 1、3、6、8 层为信号层，2、4、7 层为接地层，第 5 层为电源层。主要芯片置于第 3 层，其上下均为接地层，次主要芯片置于第 6 层，其上下为电源层和接地层，次要芯片置于第 1、8 层。电源层按电源电压开槽分为 0.8V、0.9V、1.0V 三个区，为了使电源层上可走过回流线，可在槽上加装缝补电容，电容按走过的回流频率计算。

在芯片的电源脚和接地脚之间安装 0.1μF 滤波电容，在 1kHz ~ 1MHz 频率范围内做出响应；再并接本地去耦电容，也是抑制 ΔI 噪声电压的一种方法。可以提供一个动态电流源，以补偿芯片工作时所产生的 ΔI 噪声电流，防止造成电磁干扰发射。

（4）本地去耦电容的计算方法

由

$$\Delta I = C \frac{\mathrm{d}U}{\mathrm{d}t} \tag{6-12}$$

可得

$$C = \frac{\Delta I}{\frac{\mathrm{d}U}{\mathrm{d}t}} \tag{6-13}$$

式中，ΔI 为 ΔI 噪声电流（A）；$\mathrm{d}U$ 为系统允许的最大尖峰电压（V）；$\mathrm{d}t$ 为上升/下降时间（ns）。

设 $\Delta I = 50\mathrm{mA}$，要求 $\mathrm{d}U < 0.1\mathrm{V}$，$\mathrm{d}t = 2\mathrm{ns}$，则 $C = 1000\mathrm{pF}$。$C = 1000\mathrm{pF}$ 是一般常用的去耦电容。为了扩展去耦电容使用的频率范围，通常并联 22pF 小电容。其效果是又增加了一个适用的频率范围，可以在 $f = 1/\pi t_r = 1 \sim 100\mathrm{MHz}$ 频率范围内做出响应。

在 PCB 电源线和接地线输入端还加有 10nF 的总体去耦电容。

当 $f = 1/(\pi t_r) > 100\mathrm{MHz}$ 后，去耦电容的引线电感与去耦电容发生谐振，在高于谐振频率的范围等效为电感，极大地增大了电路中电源线接地线系统的阻抗，严重破坏了去耦电容对 ΔI 噪声的抑制作用。应采用电源完整性方法设计去耦电容，设计过程如下。

设芯片对电源电压波动的限制，即系统要求，也即对尖峰电压的限制应在正常电压的 2.5% ~ 5% 以内。电源电压设为 1.0V，则 $0.05 \times 1.0\mathrm{V} = 50\mathrm{mV}$。设 $\Delta I = 1\mathrm{A}$，需要降低源阻抗至目标阻抗 Z，有

$$Z = \frac{\text{正常电源电压} \times \text{允许波动范围}}{\Delta I \text{噪声电流}}$$

设 $Z = (1.0\mathrm{V} \times 5\%)/1\mathrm{A} = 50\mathrm{m}\Omega$，所以应当将源阻抗降低至 50mΩ 以下。这样，可以使用更低的电源电压，得到更大的电流。

设未加去耦电容时，裸板所具有的阻抗高于目标阻抗，根据目标阻抗 $Z = 1/(\mathrm{j}\omega C)$，这里 $\omega = 2\pi f$，f 为高于目标阻抗的频率。为了满足目标阻抗的要求，可得去耦电容值 C。关键在于：在合适的位置放置合适大小的去耦电容，可以在 $f = 1/(\pi t_r) = 100\mathrm{MHz} \sim 10\mathrm{GHz}$ 频率范围内做出响应。保证在足够宽的频率范围内，目标阻抗满足系统要求，使 ΔI 噪声电压足够小。加入不同量值的去耦电容后，ΔI 噪声电压低于 50mV，满足目标阻抗 $Z = 50\mathrm{m}\Omega$ 的要求。

在嵌入式机器人控制器中，PCB 已不仅仅是支撑电子元器件的平台，而是高性能系统结构的一部分，从而使如何处理信号完整性问题成为一个设计能否成功的关键因素。

区分集总与分布系统的标志是系统尺寸与上升时间有效长度之比。

设上升时间有效长度 x 为

$$x = \frac{t_r}{t_{pdo}} \qquad (6\text{-}14)$$

式中，t_{pdo} 为单位长度传输线的延时（ns/cm）。

设 $x/6$ 为临界长度（cm），如果系统尺寸 $S \leq$ 临界长度，即

$$S \leq \frac{x}{6} \qquad (6\text{-}15)$$

因

$$S \leq \frac{x}{6} = \frac{\dfrac{t_r}{6}}{t_{pdo}} \qquad (6\text{-}16)$$

由

$$t_{pd} = St_{pdo} \qquad (6\text{-}17)$$

式中，t_{pd} 为传输延时。

得

$$St_{pdo} \leq \frac{t_r}{6} \qquad (6\text{-}18)$$

若 $t_r \geq 6t_{pd}$ 或 $t_{pd} \leq t_r/6$，则信号为低速信号，系统为集总参数系统。反之，如果 $S > x/6$，可得 $t_r < 6t_{pd}$ 或 $t_{pd} > t_r/6$，则信号为高速信号并产生信号完整性问题，系统为分布参数系统。为了实现信号完整性，必须缩短 S 并进行阻抗匹配。

信号完整性是嵌入式机器人控制器硬件系统设计至关重要的环节。

2. 接地设计

接地是指将一个电路、设备、分系统与参考地连接，目的在于提供一个等电位点或面，并抑制电磁干扰。接地必须有接地导体和参考地才能完成。参考地的含义是广泛的，可以是大地，也可以是起大地作用的有足够面积的金属壳体。嵌入式机器人控制器的参考地就是金属壳体。理想的参考地是一个零电位、零阻抗的物理体。

接地是一个系统概念，电流幅值和频率是两项关键因素。信号地接地电流幅值为几毫安至几安，接地电流频率范围为直流 ~ GHz；电源地接地电流幅值也为几毫安至几安，接地电流频率范围为直流 ~ 50Hz。安全接地包括（安全）保护接地和防雷接地。

在嵌入式机器人控制器中，$f < 1MHz$ 的电路采用并联单点接地。每个电路模块都接到一个单点地上，每个单元在同一点与参考地相连。当 $f > 10MHz$ 时，采用多点接地。电路都就近以机壳为参考地，使接地线长度最短。信号频率在 $1 \sim 10MHz$ 之间，当接地线长度不超过 $\lambda/20$ 时，可以采用单点接地，否则就要多点接地。

长接地线的阻抗是导致地线干扰的根本原因。当接地线长度 $x = \lambda/4$ 时，接地线实际上开路，反而成为向外辐射的天线。所以，接地线长度 x 应为 $x \leq \lambda/20$，应当短而粗。

例如，$f = 10MHz$，$\lambda = 30m$，$x \leq 1.5m$；$f = 100MHz$，$\lambda = 3m$，$x \leq 15cm$；$f = 1000MHz$，$\lambda = 3m$，$x \leq 1.5cm$。

接地系统设计时，接地线应分组敷设，除应按电源电压分组外，还应分为信号地线

（包括数字接地线、模拟接地线、高频接地线、低频接地线、高电平接地线、低电平接地线等）、电源接地线和机壳接地线等。电源接地线上两点间的电压在几百毫伏至几伏的范围，对信号电平是非常严重的干扰。因此，电源接地线不能用作信号接地线，而且电源接地线必须与足够面积的参考地相连接，将电源接地线上的干扰抑制干净。然后，整个系统各类接地线汇集于一点，接参考地。

3. 屏蔽设计

嵌入式机器人控制器电磁兼容设计应做到标本兼治，产品与外界的连接界面包括机壳端口、电源线端口、接地线端口、接信号线端口和控制线端口等，需要做好屏蔽设计、滤波设计和瞬态干扰抑制设计等。

屏蔽技术用来抑制 10kHz 以上电磁干扰沿空间的传播，即切断辐射干扰的耦合途径。采用银、铜、铝、镍等良导体制作的接地屏蔽体，可对电场和高频磁场进行屏蔽。银导电性最好；铜的导电性与银相近，价格低，但易被氧化，性能不稳定；铝的导电性较高，价格低，质量轻，不易被氧化，性能稳定；镍的价格适中，具有较好的导电性和导磁性，有优良的抗氧化和抗腐蚀性，是较理想的电磁波屏蔽材料。对于 $f < 100kHz$ 的低频磁场，则用高导磁材料进行屏蔽，如工业纯铁、铁硅合金（硅钢、电工钢等）、铁镍软磁合金、坡莫合金（79%镍和21%铁）、非晶态软磁合金材料（具有高强度、高硬度、高延展性、耐腐蚀性）、金属、铁氧体材料等。不锈钢电导率 $\sigma_r = 0.02$，一般不用作屏蔽。屏蔽体的导电连续性是影响屏蔽效能最主要的因素，两个零部件结合在一起，接合面的缝隙是影响屏蔽效能的主要因素，接合面的表面精度对缝隙屏蔽效能也有影响。而造成屏蔽失败的主要原因是穿过屏蔽体的导体。

嵌入式机器人控制器机壳选用 0.5mm 冷轧钢板，镀铜再喷漆，既满足屏蔽效能的要求，也满足质量轻的要求。为了保证导电连续性，盖板和箱体之间的缝隙用镀锡镀铜螺旋管电磁密封衬垫进行密封。通风孔采用截止波导通风板。波导是管状金属结构，高通滤波器特性，可使干扰频率落在截止区内而被抑制。嵌入式机器人控制器机壳上选用发泡金属通风窗。发泡金属通风窗是由经特殊工艺制成的带有大量层叠微孔的镍、铁等发泡金属材料与表面镀镍的高磁导率金属网而制成的，其高频与低频的屏蔽效能都很高，是所有屏蔽通风部件中，达到一定屏蔽效能所需厚度最薄、抗电化学腐蚀性能最好，且同时具有通风、屏蔽、防尘等综合性能最佳的屏蔽通风部件，尤其适用于嵌入式计算机等受空间限制较为苛刻的电子设备。

显示孔是机壳中电磁辐射量较大，且最难处理的一类孔缝。屏蔽透光材料既能屏蔽辐射干扰又能透光，是观察显示孔唯一可用的屏蔽材料。嵌入式机器人控制器机壳选用金属镀膜玻璃屏蔽显示孔。金属镀膜玻璃是采用真空溅射等工艺在玻璃表面形成致密导电膜而制成的，具有透光率高、无光学畸变、环境适应性强等优点。

造成屏蔽失败的主要原因是有穿过屏蔽体的导体。因此，不允许导线或电缆直接穿进或穿出机壳。嵌入式机器人控制器信号线穿进或穿出机壳时，选用滤波器连接器，电源线穿进或穿出机壳时，选用馈通滤波器或穿心电容器，就可以解决这个问题。

4. 滤波设计和瞬态干扰抑制

根据电网源阻抗为低阻抗，负载为开关电源，故滤波器的负载阻抗为高阻抗，所以嵌入式机器人控制器的适配器输入端为串联电感，输出端为并联电容。信号线滤波器网格类型按干扰源阻抗、负载阻抗的高低选择。

电压浪涌是指电子系统额定工作电压瞬时升高，幅度达额定工作电压几倍至几百倍，可能引起数据丢失甚至硬件损坏。浪涌保护器（surge protective device，SPD）是限制雷电反击、侵入波、雷电感应和操作过电压而产生的瞬时过电压和泄放电涌电流沿线路传送的电流、电压或功率的暂态波。常用的 SPD 有压敏电阻器和抑制二极管等。嵌入式机器人选用硅瞬变电压吸收二极管（suppressor transient voltage suppressor，STVS）。硅瞬变电压吸收二极管是一种二极管形式的高效能保护器件，要安装在进线入口处，以防止将浪涌引入信号和电源线路。器件的引脚要短，吸收容量要与浪涌电压和电流的试验等级相匹配。瞬态抑制二极管阵列的特点如下：

1）低电容（<5pF），以减少高速速率下的信号衰减。

2）快速工作响应时间（ns 级）。

3）低漏电电流，以减少正常工作下的功率能耗。

4）稳固耐用。

5）集成度高，封装面积小。

按照以上"分层与综合设计法"进行电磁兼容设计和制造后，能够顺利通过电磁兼容试验，完全满足实际应用的要求。

总之，嵌入式机器人控制器有其自身的特点，必须根据实际情况进行电磁兼容设计，才能得到满意的效果。

第 **7** 章
印制电路板的电磁兼容设计

7.1 印制电路板概述

1. 刚性印制电路板

刚性印制电路板（如图 7-1 所示）通常使用纸质基材或玻璃布基材覆铜板制成，装配和使用过程不可弯曲。刚性多层板又可分为普通多层板、带有激光孔的多层板和特殊结构多层板，如 ALIVH 等。刚性印制电路板的特点是可靠性高，成本较低，但应用的灵活性差。

图 7-1 刚性印制电路板

2. 柔性印制电路板

柔性印制电路板是使用可挠性基材制成的电路板，成品可以立体组装甚至动态应用，如图 7-2 所示。

图 7-2 柔性印制电路板

（1）柔性印制电路板的特点

1）加工工序复杂，周期较长。

2）优势在于应用的灵活，但是其布线密度仍然无法和刚性印制电路板相比。

3）主要成本取决于其材料成本。

4）体积小、质量轻，可替代体积较大的线束导线，是满足小型化和移动要求的唯一解决方法。

5）总质量和体积要比传统的导线束减少 70%。

（2）柔性印制电路板的功能

1）引线：硬板间连接。

2）印制电路板：高密度薄型立体电路。

3）连接器：硬板间连接。

4）多功能整合系统。

（3）柔性印制电路板的应用范围

1）小型或薄型电子机构及硬板间的连接等。

2）柔性印制电路板可移动、弯曲、扭转而不损坏导线，适用于连续运动或定期运动的内连系统，成为最终产品功能的一部分，具有更高的装配可靠性。

7.2 印制电路板的设计

本节主要介绍采用 EDA 开发工具设计印制电路板的流程。

7.2.1 印制电路板的总体设计流程

采用 EDA 开发工具设计印制电路板的总体设计流程（见图 7-3）主要包括：

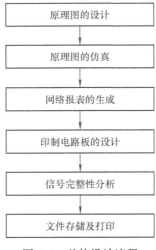

图 7-3 总体设计流程

1. 原理图的设计

原理图设计是指完成电路设计的初步方案后，充分利用 EDA 开发工具中的原理图编辑器来绘制原理图的过程。利用 EDA 开发工具提供的各种原理图设计工具、丰富的元器件库资源、强大的编辑功能以及便利的电气规则检查等，来达到设计原理图的目的。

2. 原理图的仿真

原理图的仿真主要是为设计人员提供一个完整的从设计到验证的仿真环境。其目的是对已设计的电路原理图可行性进行信号级分析，从而对印制电路板设计的前期错误和不尽人意的地方进行修改。一般来讲，原理图的仿真与原理图编辑器是协同工作的。

3. 网络报表的生成

网络报表是原理图与印制电路板之间的联系纽带。对于大多数的 EDA 开发工具来说，原理图设计向印制电路板设计的转化过程是通过网络报表来进行连接的，因此网络报表可以称为印制电路板自动布线的灵魂。

4. 印制电路板的设计

在印制电路板的设计过程中，可以利用 EDA 开发工具提供的自动布局、自动布线、强大的编辑功能以及便利的设计规则检查等，来完成印制电路板的设计工作。同时，在印制电路板的设计过程中也可以输出各种报表，用以记录设计过程中的各种信息。

5. 信号完整性分析

一般来说，大多数的印制电路板 EDA 开发工具中包含信号完整性分析工具，它的主要功能是为设计人员提供一个完整的信号仿真环境。通过这个工具，设计人员能够分析印制电路板和检查各种设计参数，并且能够测试过冲、下冲、阻抗和信号斜率等，以便及时对设计参数进行修改。

6. 文件存储及打印

将印制电路板设计中的相应文件和报表文件进行存储或打印操作，目的是为了对相应的电路设计进行存档操作，从而完成整个设计项目的保存工作。完成文件存储及打印操作后，印制电路板的总体设计流程也就完成了。

概括来讲，整个印制电路板的总体设计流程是先设计原理图，然后利用原理图的仿真进行验证修改，接着再根据由原理图得到的网络报表进行印制电路板的布局、布线，最后进行信号的完整性分析，并通过文件存储及打印完成整个设计过程。

7.2.2　原理图的设计流程

原理图设计是印制电路板设计的基础，也是整个印制电路板设计的第一步，掌握原理图的设计流程是十分重要的。采用 EDA 开发工具设计原理图的设计流程如图 7-4 所示。

1. 启动原理图编辑器

在进行原理图的设计过程中，第一件事情就是启动印制电路板 EDA 开发工具中的原理图编辑器，进行相应的原理图设计操作。对于大多数的开发工具来说，具体的设计往往是从建立一个设计项目开始的。通常，在建立设计项目的过程中，需要建立一个新的原理图文件，这样可以启动相应的原理图编辑器。

2. 设置原理图图纸

建立相应的原理图文件并启动原理图编辑器后，根据个人的绘图习惯、公司的标准化要求以及实际设计电路的规模和复杂程度等，来设置原理图图纸的尺寸、方向、标题栏以及颜色等参数。设置原理图图纸的过程，实际上就是一个建立原理图工作平台的具体过程。

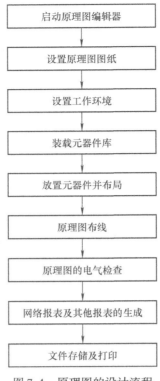

图 7-4　原理图的设计流程

3. 设置工作环境

设置工作环境是原理图设计流程中的一个重要步骤，好的工作环境能够极大地提高设计人员的工作效率。一般来说，这一步的主要工作是对原理图设计中的系统参数进行个性化的设置，使原理图设计系统的开发环境、界面风格和操作习惯符合用户的需要。

4. 装载元器件库

由于印制电路板 EDA 开发工具拥有众多厂商的内容非常齐全的元器件库，为了保证能够快速、有效地引用元器件库中的元器件，设计人员需要将设计中元器件所在的元器件库添加到当前的设计中。如果一次装载过多的元器件库，将会占用较多的系统资源，同时也会降低系统的执行效率，因此设计人员最好不要添加与设计无关的元器件库。

5. 放置元器件并布局

装载相应的元器件库后，就可以从元器件库中选择设计需要的各种元器件，然后按照设计的需要和绘图习惯将元器件放置在原理图的相应位置。由于合理的元器件布局可以减少后面设计中的工作量，因此放置元器件后还需要进行相应的布局操作。通常，布局操作主要包括不断调整元器件位置，并对元器件的序号、封装形式以及显示状态等属性进行设置。

6. 原理图布线

原理图布线是利用原理图编辑器提供的各种布线工具或命令，将所有元器件的对应引脚用具有电气意义的导线或网络标号等连接起来，从而建立满足电路设计要求的电气连接关系。原理图布线后，设计人员还需要对原理图进行进一步的调整，从而构成一幅连接可靠、设计准确、画面美观的电路原理图。

7. 原理图的电气检查

对于简单的电路原理图来说，通过观察就能够检查出原理图存在的错误。而对于复杂的电路原理图来说，EDA 开发工具会为设计人员提供相应的电气规则检查工具，通过检查工具能够迅速找出原理图设计中存在的一些缺陷和错误，例如，没有连接的网络标号，没有连接的电源和接地，以及一些不该出现的短路问题等。在进行电气规则检查时，EDA 开发工具不但可以给出详细的检查报告，而且还可以在原理图中的错误位置处给出标记，从而便于设计人员的检查和修改。

8. 网络报表及其他报表的生成

网络报表是电路原理图和印制电路板之间的重要连接纽带，需要利用相应的工具来生成设计的网络报表。

9. 文件存储及打印

将原理图设计过程中的设计文件以及相应的报表文件进行存盘或者打印输出，目的是对设计的项目进行存档。实际上，这个过程是对设计的文件进行输出的过程，同时也是一个设置打印参数和打印输出的过程。

7.2.3 印制电路板的设计流程

几乎所有的电路设计首先都是通过印制电路板来实现的，因此印制电路板的设计是整个电路系统设计中最重要和最关键的一步，掌握印制电路板的设计流程是十分必要的。采用 EDA 开发工具设计印制电路板的设计流程如图 7-5 所示。

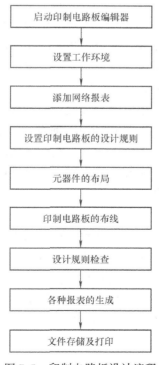

图 7-5　印制电路板设计流程

1. 启动印制电路板编辑器

与原理图的设计流程相似，进行印制电路板设计的第一件事情是启动印制电路板编辑器，可以通过建立一个新的印制电路板文件来启动相应的印制电路板编辑器。

2. 设置工作环境

印制电路板的设计环境设置包括工作层面的设置、环境参数的设置和电路板的规划设置3个方面。

通常，一块印制电路板是由一系列层状结构构成的，不同的印制电路板具有不同的工作层面。因此，需要根据设计电路的特点和要求，具体设置电路板的工作层面和相应的阻抗设计，从而进行印制电路板工作层面的合理设置。

环境参数的设置主要包括度量单位的选择、栅格的大小、光标捕捉区域的大小及设计规则等方面的设置。可以在大多数参数选取系统默认值的基础上，设置一些个性化参数来满足个人的设计习惯，个性化的环境参数设置可以大大提高印制电路板的设计效率。

电路板的规划设置是指在进行具体的印制电路板设计之前，设计人员根据电路系统的规模和复杂程度等来设置电路板的结构、尺寸、安装位置、安装方式以及接口形式等参数，目的是为方便后续设计工作的顺利进行。

3. 添加网络报表

网络报表是原理图设计和印制电路板设计的接口，它是印制电路板进行自动布线的灵魂，自动布线的操作是根据网络报表的具体内容进行的。只有将原理图生成的网络报表装入到印制电路板设计系统中，才能进行印制电路板的自动布线操作。

元器件封装是指把硅片上的电路引脚用导线引到外部接头处，以便与其他器件连接。它与原理图编辑器中的元器件图形符号是一一对应的，是使元器件引脚和印制电路板上的焊盘保持一致的重要保证。可以看出，添加元器件封装也是印制电路板设计过程中非常重要的一个环节。设计人员要在添加网络报表之前添加相应的元器件封装库，否则添加网络报表的过程中将会给出错误信息，从而导致添加网络报表的失败。

4. 设置印制电路板的设计规则

印制电路板的设计规则是印制电路板设计流程中不可缺少的一个环节，用来对印制电路板设计的自动布局和自动布线等操作进行约束。通常，印制电路板 EDA 开发工具会为设计人员提供大量的设计规则，如电气规则、布线规则、布局规则、制造规则、网络规则以及测试规则等，其中最重要的是布局规则和布线规则。通过设计合理的印制电路板设计规则，可以大大降低设计的错误，提高工作效率。

5. 元器件的布局

元器件布局是指印制电路板中的元器件封装在电路板上的合理放置。元器件布局应该从印制电路板的机械结构、散热性、抗电磁干扰能力以及布线的方便性等方面进行综合考虑和综合评估。元器件布局的基本原则是：先布局与机械尺寸有关的元器件，然后布局电路系统的核心元器件和规模较大的元器件，最后再布局电路板的外围元器件。

通常，元器件的布局有两种方式：自动布局和手工布局。在印制电路板的设计过程中，一般先利用 EDA 开发工具提供的自动布局功能，若自动布局的效果不理想，可采用手工布局进行相应的调整操作。

6. 印制电路板的布线

印制电路板的布线是印制电路板设计中另外一个非常重要和复杂的步骤。在进行印制电路板的布线过程中，必须保证走线中信号的完整性和可靠性。

印制电路板的布线有两种方式：自动布线和手工布线。一般情况下，需要在自动布线之前进行简单的布线参数和布线规则设置，自动布线器就会根据设置的设计法则和自动布线规则选取最佳的自动布线策略，完成印制电路板的自动布线。如果自动布线的效果不理想，可采用手工布线进行相应的调整操作。

7. 设计规则检查

完成印制电路板的布线操作后，为确保所设计的印制电路板能够满足设计的要求，需对设计的印制电路板进行检查。对于简单的印制电路板设计可以通过观察的方法来检查其中是否存在错误，但对于复杂的印制电路板设计，大多数的 EDA 开发工具都为设计人员提供了功能强大的设计规则检查功能。通过这个检查功能，可以检查所设计的印制电路板是否满足先前所设定的布线要求。如果有不符合设计规则的地方，这个相应的检查工具就能够快速地检查出来，从而修改印制电路板设计中出现的问题。

8. 各种报表的生成

与相应的原理图编辑器类似，通过印制电路板编辑器生成各种报表主要包括电路板设计信息、元器件信息、元器件交叉参考信息、层次项目组织信息以及网络状态信息等。通过这些报表，可帮助用户更好地了解设计的印制电路板和对印制电路板进行管理操作；同时，可以为其他设计人员和其他资源共享者提供有关印制电路板设计过程和设计内容的详细资料。

9. 文件存储及打印

印制电路板设计流程的最后一步是将设计过程中产生的各种文件和报表进行存储和输出打印，以便对设计项目进行存档。另外，设计人员还应该将设计的印制电路板文件导出，目的是提交给制造厂商来制作相同的印制电路板。

对于印制电路板的总体设计流程、原理图的设计流程和印制电路板的设计流程，设计人员应该熟练掌握。只有这样，在实际的设计工作中才能做到有章可循，避免一些不必要的错误发生，从而设计出布局合理、性能优良的印制电路板。

7.3　印制电路板的加工流程

图 7-6 为印制电路板的加工流程，掌握印制电路板的加工流程对于制造厂商中的工作人员来说是十分必要的。从图 7-6 中可以看出，多层印制电路板的加工流程主要包括以下 11 个步骤。

1. 加工的前期备料

加工的前期备料是根据客户送来的印制电路板图和客户的具体要求来准备相应的生产资料。印制电路板的生产资料主要包括基板、铜箔、木垫板、防焊漆等。

2. 印制电路板的内层加工

对于多层印制电路板来说，由于内层的工作层面夹在整个板子的中间，因此多层印制电路板首先应该进行内层加工。内层加工可具体细分为 4 个步骤，分别是前处理、无尘室压膜和曝光、蚀刻线和自动光学检验（automatic optical inspection，AOI）。

（1）前处理

在加工印制电路板的过程中，首先将铜箔基板切割成适合进行加工生产的尺寸，然后进行前处理。一般来说，前处理有两个方面的作用：一是用来清洁切割后的基板，避免因为油脂或灰尘等给压膜带来不良的影响；二是采用刷磨、微蚀等方法将基板板面进行适当的粗化处理，目的是便于基板与膜的结合。通常，前处理使用的清洁液与微蚀液是 H_2SO_4 和 H_2O_2。

（2）无尘室压膜和曝光

在电路图形的转移中，印制电路板的加工过程对于工作室的洁净程度要求非常高，一般至少在万级无尘室中进行压膜和曝光工作。为了确保电路图形转移的高质量，加工时还需要保证室内的工作条件，控制室内温度在 $(21\pm1)°C$，相对湿度为 $55\%\sim60\%$，目的是保证基板和底片的尺寸稳定。只有整个生产过程都在相同的温度和湿度下进行，这样才能保证基板和底片不会发生涨缩现象。因此现在的加工工厂的生产区都装有中央空调控制温度和湿度。

在进行基板曝光之前，加工过程中需要在基板上贴上一层干膜。这个工作通常是通过压膜机来实现的。可根据基板的大小和厚度来自动切割干膜，干膜一般具有 3 层结构，压膜机以适当的温度和压力将干膜粘贴在基板上，然后它会自动将与板面结合的一侧塑料薄膜撕下来。

由于感光干膜具有一定的保质期，因此进行压膜操作后的基板应该尽快曝光。在加工过程中，曝光是采用曝光机来进行的，曝光机内部会发射高强度 UV 线（紫外线），用来

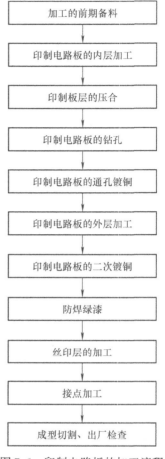

图 7-6　印制电路板的加工流程

加工的前期备料

印制电路板的内层加工

印制板层的压合

印制电路板的钻孔

印制电路板的通孔镀铜

印制电路板的外层加工

印制电路板的二次镀铜

防焊绿漆

丝印层的加工

接点加工

成型切割、出厂检查

照射覆盖着底片与下膜的基板。通过影像转移，曝光后底片上的影像就会反转而转移到干膜上，从而完成相应的曝光操作。

（3）蚀刻线

蚀刻线包括显影段、蚀刻段和剥膜段。第 1 步，显影段采用碳酸钠溶液作为浴液来进行显影，它的作用是将没有受到紫外线照射而发生变化的干膜溶解并冲洗掉。第 2 步，显影后的基板在进入蚀刻段之前要经过纯水冲洗，以防止将显影液带进蚀刻槽。蚀刻段是这条生产线的核心，蚀刻槽的浴液是 $CuCl_2+HCl+H_2O_2$，它的作用是将没有被干膜覆盖而裸露的铜腐蚀掉。第 3 步，板上的干膜在蚀刻段操作完成后已经没有作用了，这时可以采用热的 $NaOH$ 溶液将硬化的干膜剥离掉。

（4）自动光学检验

进行完内层加工后的基板必须要进行严格的检验，才可以进行下一个加工步骤，这样可以大大降低风险。在这个加工阶段，基板的检查工作通过 AOI 的机器来进行裸板外观品质测试。工作时加工人员先将待检板固定在机台上，AOI 采用激光定位器精确定位镜头来扫描

整个板面,然后将得到的图样抽象出来与缺欠图样比对,以此来判断印制电路板的线路制作是否有问题。同时 AOI 还可以指出问题类型以及问题出现在基板上的具体位置。

3. 印制板层的压合

完成上面加工步骤后的内层基板需要采用玻璃纤维树脂胶片与外层的铜箔进行压合,目的是形成多层板。在进行压合操作之前,内层基板首先要进行黑氧化处理,即采用强氧化剂将内层板面上的铜氧化,使其表面粗糙,能和胶片产生良好的压合性能。微观上,黑氧化后的铜是一根根尖尖的晶针,这样可以刺入胶片中,加强基板和胶片的结合力。

黑氧化后的多层内层基板需要采用铆机将它们进行成对铆合,然后采用盛盘将这一叠板子放在表面非常光滑的钢板中间,防止铜箔被杂物划伤。叠好的板子会被自动运输车运送上压合机,压合机会按照设定好的参数压合。压合后的电路板将以 X 射线自动定位钻靶机钻出靶孔,作为内外层电路对位的基准孔,然后将板边进行适当的细裁切割,方便后续的加工。

4. 印制电路板的钻孔

印制电路板的钻孔是采用钻孔机来完成的,钻孔机是一种精密数控机床。通过钻孔程序的控制,钻孔机可以在电路板上钻出层间电路的过孔和用来焊接元器件的固定引脚通孔。在进行钻孔操作的过程中,操作人员需要采用插杆通过先前钻出的靶孔将电路板固定在钻孔机上,同时还需要加上平整的下垫板与上盖板,减少钻孔毛头的发生。

5. 印制电路板的通孔镀铜

印制电路板的通孔镀铜是对印制电路板的钻孔过程中生成的过孔和固定引脚通孔的孔壁进行镀铜,目的是完成电路板中层间电路的导通。一般来说,印制电路板的通孔镀铜可以分成两个阶段:先进行化学沉铜,然后进行电镀铜。

(1)化学沉铜

在进行化学沉铜之前,加工人员先以重度刷磨和高压冲洗的方法清理通孔上的毛头和孔中的粉屑,然后再以高锰酸钾溶液去除孔壁面上的胶渣。如果直接采用电镀铜的方式进行镀铜操作,那么孔壁的无铜区是没有办法进行镀铜的,因为它不能导电,即无法直接沉积铜离子。在加工过程中,化学沉铜可以用来解决这个问题,它是采用某种金属的催化作用将溶液中的铜离子沉积到不导电的孔壁。经过化学沉铜操作,电路板的孔壁上就会沉积上一层薄的铜。

(2)电镀铜

经过化学沉铜操作后,就可以直接采用电镀铜的方式进行镀铜操作了。它的工作原理十分简单:首先将待镀板作为阴极,电镀液作为阳极,然后进行通电操作,这时电镀液中的铜离子便会向待镀板上进行沉积;当孔壁上的铜层加厚到足够抵抗后续加工和使用环境冲击的厚度时,这时就可完成镀铜的操作了。

6. 印制电路板的外层加工

外层加工的电路影像转移的制作与内层加工是完全相同的,但是在蚀刻线阶段则分为正片和负片两种生产方式。其中,负片的生产方式与内层加工完全相同,即在显影后直接进行蚀铜操作,然后再进行干膜剥离操作。正片的生产方式则是在显影后再加镀两次铜和锡铅操作,干膜剥离后再以碱性的氨水、氯化铜混合溶液将裸露出来的铜箔腐蚀去除,从而形成需要的电路板，最后再以锡铅剥离液将上面的锡铅层去除。

7. 印制电路板的二次镀铜

印制电路板的二次镀铜操作是在正片的生产方式下使用的，而在负片的生产方式下则不需要进行二次镀铜操作。

8. 防焊绿漆

印制电路板的外层加工完成后，需要再次对板子涂覆绝缘的树脂层来保护电路避免氧化和焊接短路。与内层加工中的前处理十分类似，涂覆绝缘树脂层之前也需要采用刷磨、微蚀等方法将电路板铜面进行适当的粗化处理；然后再以网版印刷、帘涂和静态喷涂等方式将液态感光绿漆涂覆在电路板面上（干膜感光绿漆是采用真空压膜机将其压合在电路板面上），接下来将其预烘干燥，待其冷却后送到相应的紫外线曝光机中进行曝光处理、绿漆在底片透光区域受到紫外线照射后会产生聚合反应；再用碳酸钠溶液将涂膜上未受光照的区域显影去除；最后用高温烘烤的方法将绿漆中的树脂完全硬化。

一般来说，早期的绿漆是采用网版印刷后直接烘烤或者采用紫外线进行照射，来达到使漆膜硬化的目的。在印刷和硬化的过程中，由于这种方式会造成绿漆渗透到线路终端接点的铜面上，从而导致元器件焊接和使用上的困扰，因此现在除了电路简单的印制电路板使用这种方法外，其他多改用感光绿漆。

9. 丝印层的加工

印制电路板中的丝印层用来在顶层和底层表面绘制元器件封装的外观轮廓和放置字符串等，它可以使印制电路板具有可读性，便于电路的安装和维修等。丝印层的加工方法非常简单，首先将客户需要的封装外观轮廓和字符串等以网版印刷的方式印制在电路板上，然后再采用烘烤或者紫外线照射的方式使相应的漆墨硬化。

丝印层绘制的原则可归纳如下：

1）丝印字符不能覆盖在焊盘或过孔上，同一层的丝印层字符或图形不能相互重叠。

2）极性元件、指示灯、开关、匹配端子、插座和配线等要有明确的丝印标志。

3）元器件的编号字符和丝印图形一般标注在元器件的安装面上。

4）连接器的编号字符和丝印图形一般标注在连接器的安装面上。

5）丝印层上的封装外观轮廓和字符串等要清晰、整齐、美观，可读性要强。

6）丝印层上的文字字体一般采用 EDA 工具支持的默认字体。

7）丝印层上要能够清楚地标明元器件安装的位置和方向。

8）当丝印字符由于元器件密集而不能放在有效位置上时，可以将部分的丝印字符放在相应的空白区域，但这时一定要有明确的指示。

10. 接点加工

完成上面的加工过程后，印制电路板上的防焊绿漆覆盖了板上的电路铜面，而仅仅露出了元器件焊接、电路测试和电路板插接等使用的终端接点。这些部分需要添加另外的保护层，目的是避免在长期使用中连通阳极的端点产生氧化物，从而影响印制电路的稳定性和安全性。一般来说，印制电路板的接点加工可以分为 4 个部分：

（1）镀金

具体操作是在电路板的插接端点（俗称金手指）上镀上一层高硬度耐磨损的镍层和高

化学钝性的金层，以保护端点和提供良好的接通性能。

（2）喷锡

具体操作是将电路板浸泡到熔融的锡铅中，当电路板表面粘附足够的锡铅后，再利用热空气加压将多余的锡铅刮除。锡铅冷却后电路板焊接的区域就会沾上一层适当厚度的锡铅，保护印制电路板的端点和提供良好的焊接性能。

（3）预焊

具体操作是在电路板的焊接端点上采用浸染方式涂覆上一层抗氧化预焊皮膜，这样在焊接前可以暂时保护焊接端点和提供较平整的焊接面，使印制电路板具有良好的焊接性能。

（4）碳墨

具体操作是在电路板的接触端点上采用网版印制的方式印上一层碳膜，保护印制电路板的端点和提供良好的接通性能。

11. 成型切割、出厂检查

通过上面的各个加工过程，一个完整的印制电路板已经制造出来了，接下来进行成型切割。在成型切割之前，操作人员首先采用插杆通过先前钻出的定位孔将电路板固定在模具机床上；然后用模具机床将电路板切割成客户所需要的外形尺寸，进行成型切割后，操作人员需要对金手指部分再进行磨角加工，以方便印制电路板的插接使用；最后需要清除印制电路板上的粉屑和表面上的离子污染物。

印制电路板出厂之前需要对其进行终检，终检工作主要包括电气导通测试、阻抗测试、焊锡性能和热冲击耐受性试验，同时还要以适度的烘烤来消除电路板在加工过程中所吸附的湿气和积存的热应力。印制电路板的终检工作完成后，就可以将印制电路板进行真空封装，即可出货了。

7.4 印制电路板的 EMC 设计

印制电路板是所有精密电路设计中往往容易忽略的一种部件。由于很少把印制电路板的电特性设计到电路中去，所以印制电路板产生的附加效应对电路功能可能是有害的。如果印制电路板设计得当，它将具有减少干扰和提高抗扰度的优点。如果印制电路板设计不当，将使载有小功率、高精确度、快速逻辑或连接到高阻抗终端的一些导线受到寄生阻抗或介质吸收的影响，致使印制电路板发生电磁兼容问题。

7.4.1 印制电路板布线基本原则

印制电路板布线时应记住以下几点：

1）电路中的电流环路应保持最小。

2）信号线和中性线应尽可能接近。

3）使用较大的地平面以减小接地线阻抗。

4）电源线和接地线应相互接近。

5）在多层电路板中，应把电源面和地平面分开。

6）在先进的工程设计中，优化印制电路板的最好方法是使用镜像平面。通过镜像平面能够消除电源或地平面产生的干扰对电子电路所造成的影响。

总之，应使板上各部分电路之间不发生干扰，都能正常工作，对外辐射发射和传导发射尽可能低，外来干扰对板上电路不发生影响。

多层印制电路板设计中有两个基本原则，用来确定印制线条间距和边距，现介绍如下：

1）20-H原则。这是 W. Michael King 提出的，具体表述如下：所有的具有一定电压的印制电路板都会向空间辐射电磁能量，为减小这个效应，印制电路板的物理尺寸都应该比最靠近的接地板的物理尺寸小 $20H$，其中 H 是两层印制电路板的间距。在一定频率下，两个金属板的边缘场会产生辐射。减小一块金属板的边界尺寸使其比另一个接地板小，辐射将减小。当尺寸小至 $10H$ 时，辐射强度开始下降，当尺寸小至 $20H$ 时，辐射强度下降 70%。根据 20-H 原则，按照一般典型印制电路板尺寸，$20H$ 一般为 3mm 左右。

2）2-W原则。当两条印制线间距比较小时，两线之间会发生电磁串扰，串扰会使有关电路功能失常。为避免发生这种干扰，应保持任何线条间距不小于 2 倍的印制线条宽度，即不小于 $2W$，W 为印制线路的宽度。印制线条的宽度取决于线条阻抗的要求，太宽会减少布线的密度，增加成本；太窄会影响传输到终端的信号波形和强度。

印制电路板接地线是印制电路板设计的另一个基本问题。首先，要建立分布参数的概念。高于一定频率时，任何金属导线都要看成是由电阻、电感构成的器件。所以，接地线具有一定阻抗并且构成电气回路，不管是单点接地还是多点接地，都必须构成低阻抗回路进入真正的地或机架。25mm 长的典型印制线大约会表现 15~20nH 的电感，加上分布电容的存在，就会在接地板和设备机架之间构成谐振电路。其次，接地电流流经接地线时，会产生传输线效应和天线效应。当线条长度为 1/4 波长时，可以表现出很高的阻抗，接地线实际上是开路的，接地线反而成为向外辐射的天线。最后，接地板上充满高频电流和干扰形成的涡流，因此在接地点之间构成许多回路，这些回路的直径（或接地点间距）应小于最高频率下波长的 1/20。选择恰当的器件是设计成功的重要因素，特别在选择逻辑器件时，尽量选上升时间比 5ns 长的器件，绝不要选比电路要求时序快的逻辑器件。

7.4.2 印制电路板的层叠设计

1. 单面板

单面板制造简单，装配方便，适用于一般电路要求，不适用于组装密度高或复杂电路的场合。如果印制电路板的布局设计合理，可以实现电磁兼容。

当进行单面或双面板（这意味着没有电源面和地线面）的布线时，最快的方法是先人工布好接地线，然后将关键信号如高速时钟信号或敏感电路，靠近它们的地回路布置，最后对其他电路进行布线。为了使布线从一开始就有一个明确的目标，在电路图上应给出尽量多的信息，这包括：

1）不同功能模块在印制电路板上的位置要求。

2）敏感器件和 I/O 接口的位置要求。

3）标明不同的接地线以及对关键连线的要求。

4）标明在哪些地方不同的接地线可以连接起来，哪些地方不允许。

5）哪些信号线必须靠近接地线。

精心的迹线设计可以在很大程度上减少迹线阻抗造成的干扰。当频率超过数千赫兹时，导线的阻抗主要由导线的电感决定，细而长的回路导线呈现高电感（典型的电感为 10nH／cm），其阻抗随频率增加而增加。如果设计处理不当，将引起共阻抗耦合。

2. 双面板

双面板适用于只要求中等组装密度的场合。安装在这类板上的元器件易于维修或更换。

在高速数字电路中，应该把印制迹线作为传输线处理。常用的印制电路板传输线是微带线和带状线。微带线是一种用电介质将导线与接地面隔开的传输线，印制迹线的厚度、宽度，迹线与接地面间介质的厚度以及电介质的介电常数，决定微带线特性阻抗的大小。

在进行印制电路板布线时，应首先将接地线网格布好，然后再进行信号线和电源线的布线。当进行双面板布线时，如果过孔的阻抗可以忽略，可以在印制电路板的一面走横线，另一面走竖线。高速信号线尽量靠近接地线，以减小回路面积。接地线网格结构如图 7-7 所示。

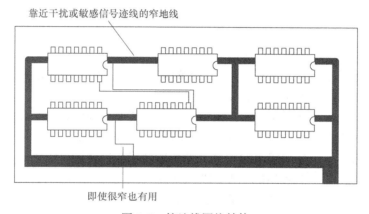

图 7-7　接地线网格结构

接地线网格并不适合低频小信号模拟电路，因为这时要避免公共阻抗耦合。当电路的工作频带很窄时，接地线上的高频干扰并不是主要问题。为了降低对静电放电的敏感性，一个低阻抗的接地线网格是很重要的，但是必须与主参考地结构连接起来，这种连接可以是间接的（通过电容器），也可以是直接的。

3. 多层板

对高速逻辑电路的设计，使用单面板或双面板不能满足电磁兼容要求时，应该研究多层板的应用。大部分多层板的通用形式如图 7-8 所示，该图显示了各层结构的设计和每层功能的指定。

多层印制电路板是由预浸环氧玻璃布把三层以上的分离导电图形黏结层压而成。电源和回路总线是由非浸蚀 $35\mu m$ 铜箔板构成。这样，电源分配系统组成大的平面，具有极低分布源阻抗。因此，多层板比单面板或双面板更能避免共阻抗耦合、提供屏蔽（取决于布局）以及对多电平电压分配得到改善。多层板的缺点是只适用于在设计预期变化不大或没有变化的场合。

在图 7-8 中，板间是通过金属化孔互连，第一层被指定为互连层，含有元器件。第二层被指定为 0V 和回路基准电位层，除了用于连接第一层与第三层的贯通孔外，它是一个整体的地平面。第三层被指定为 $+U_{cc}$ 分配层。第四层和第一层一样被指定为互连层。实质上，

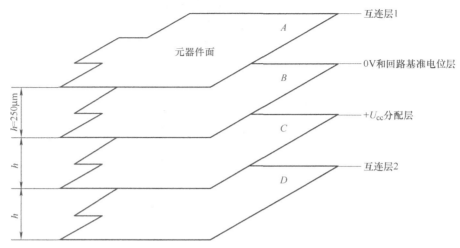

图 7-8　多层板通用形式

第一层上的走线与第二层地平面构成微带线，因此能严格地控制阻抗。0V 层和 +U_{cc} 分配层形成一个低阻抗的电源分配系统，这归因于板间的大电容、铜箔的低电感和低电阻。它们还可以作为第一层和第四层辐射干扰的屏蔽。

如果两个互连层彼此叠放在一起，则相关的互连线要成 90° 正交，以减少互连层间的交扰（串音）耦合。军事应用的高速逻辑电路通常由 0V 层或 +U_{cc} 分配层来屏蔽互连层。有时，还可在 0V 层和 +U_{cc} 分配层之间加进专设的地网层，这样还可以进一步增加阻抗控制。

多层印制电路板设计中遇到的主要问题是电磁兼容设计。在进行多层印制电路板设计时，首先要考虑的是带宽。要强调的是：数字电路电磁兼容设计中要考虑的是数字脉冲的上升沿和下降沿所决定的带宽，而不是数字脉冲的重复频率。

多层印制电路板的电磁兼容分析可以基于基尔霍夫定律和法拉第电磁感应定律。根据基尔霍夫定律，任何时域信号由源到负载的传输都必须构成一个完整的回路，一个频域信号由源到负载的传输都必须有一个最低阻抗的路径。这个原则完全适合高频辐射电流的情况，如果高频辐射电流不是经由设计中的回路到达目的负载，就一定是通过某个客观存在的回路到达的，这一非正常回路中的一些器件就会遭受电磁干扰。但是，人们常常忽略这个事实。在数字电路设计中，人们最容易忽略的是存在于器件、导线、印制线和插头上的寄生电感、电容和导纳。例如，电容器的等效电路应当是电容、电感和电阻构成的串联电路。多层印制电路板设计要决定选用的多层板的层数。

多层印制电路板的层间安排随着电路而变，但有以下几条共同原则：

1）电源平面应靠近接地平面，并且安排在接地平面之下。这样可以利用两金属平板间的电容作为电源的平滑电容，同时接地平面还对电源平面上分布的辐射电流起到屏蔽作用。

2）布线层应安排与整块金属平面相邻。这样的安排是为了产生通量对消作用。

3）把数字电路和模拟电路分开，有条件时将数字电路和模拟电路安排在不同层内。如果一定要安排在同一层，可采用开沟、加接地线条、分隔等方法补救。模拟和数字的地、电源都要分开，不能混用。数字信号有很宽的频谱，是产生干扰的主要来源。

4）在中间层的印制线条形成平面波导，在表面层形成微带线，两者传输特性不同。

5）时钟电路和高频电路是主要的干扰和辐射源，一定要单独安排、远离敏感电路。

6）不同层所含的杂散电流和高频辐射电流不同，布线时不能同等看待。

例如一个十层板的层间安排，第一层为优质布线层，第二层为地，第三层为布线层，第四层为另一布线层，第五层为地，第六层为电源层，第七层和第八层为布线层，第九层为地，第十层为最后一个布线层。这种结构共有 6 个布线层，3 个地，在第三层和第四层以及第七层和第八层之间有填充层。层间安排确定后，根据布线的密集程度就可以确定采用多层板的层数和基本结构。

7.4.3　印制电路板的接地设计原则

1）印制电路板的低频电路中的接地线应尽可能采用单点接地，实际布线有困难时，可以部分串联后再并联单点接地，印制电路板中的高频电路中的接地线应采用多点接地。

2）印制电路板中的数字地和模拟地要尽量分开，最后通过电感汇接到一起。

3）印制电路板中的敏感电路应连接到一个稳定的接地参考源上，以避免敏感电路的不稳定性。

4）在进行接地布线的过程中，应尽量减小接地回路面积，以降低电路中的感应噪声。

5）在印制电路板中，如果接地线采用很窄的布线，那么接地电位将会随着电流的变化而变化，从而减低电路的抗噪性能。因此，应将接地线加宽，使它能通过 3 倍于印制电路板上的允许电流。一般来说，接地线应为 2 ~ 3mm。

6）对印制电路板或系统进行分区时，应把高带宽的噪声电路和低频电路分开；另外，要尽量使干扰电流不通过公共的接地回路影响到其他电路。

7.4.4　印制电路板的电源线设计原则

1）电源是电路中所有元器件工作的能量来源，不同的元器件对电源的要求也不同，主要说来有功率要求、电位要求、频率要求和"干净度"要求等。因此，设计人员应该根据设计的具体电路来选择合适的电源。

2）电源线中的关键地方需要使用一些抗干扰元器件，如磁珠、磁环、电源滤波器和屏蔽罩等，这样可以显著提高电路的抗干扰性能。

3）印制电路板中的电源输入端口应该接上相应的上拉电阻和去耦电容（一般为 10 ~ 100μF）。

4）根据各种元器件的资料和设计要求，应该估算相应电源线路中的电流，确定电源线的导线宽度。一般来说应该在允许范围内尽量加宽电源线。

5）保证印制电路板中电源线、接地线的走向与数据传输的方向一致，增强印制电路板的抗噪声能力。

7.4.5　印制电路板的元器件设计原则

1）保证印制电路板中的相邻板之间、同一板相邻层面之间、同一层面相邻布线之间不能有过长的平行信号线。

2）保证印制电路板中的时钟发生器、晶振和 CPU 的时钟输入端等尽量靠近，同时它们应该远离其他低频器件。

3）印制电路板中的元器件应该围绕着电路中的核心器件来进行配置，同时尽量缩短各元器件之间的连接线。

4）应该对印制电路板按照频率和电流开关特性进行分区，同时保证噪声元器件和非噪声元器件之间具有一定的距离。

5）应该合理考虑印制电路板在机箱中的位置和方向，保证发热量大的元器件处在上方。

6）应该尽可能地缩短高频元器件之间的连接线，同时设法减少分布参数和相互间的电磁干扰。

另外，对于射频印制电路板的元器件配置来说，需要优先遵循如下几条基本的配置原则：

1）印制电路板中的敏感模拟信号应该尽可能地远离高速数字信号和射频信号。

2）保证印制电路板上的高功率区至少有一整块地，同时最好保证上面没有过孔。另外，接地线上的覆镀越多越好。

3）对于射频印制电路板的设计来说，集成电路芯片和电源的去耦同样重要，对此设计人员都要加以考虑。

4）尽可能缩短高频元器件之间的连线，尽量减少它们的分布参数和相互间的电磁干扰。易受干扰的元器件不能挨得太近，输入元器件和输出元器件应尽量远离。

5）尽量把高功率放大器（HPA）和低噪声放大器（LNA）隔离开，即让高功率射频发射电路远离低功率射频接收电路。如果印制电路板上的物理空间不允许，可以把它们放在电路板的两面，或者让它们交替工作。

7.4.6　印制电路板的去耦电容布置原则

在印制电路板的设计过程中，去耦电容有两个方面的作用：一是用来作为集成电路的蓄能电容，二是用来旁路掉该器件的高频噪声。设计印制电路板时，经常会在每个集成电路的电源和地之间加一个去耦电容。去耦电容配置的基本原则如下：

1）引线式电容适用于低频电路，贴片式电容适用于高频电路。因为贴片式电容寄生电感要比引线式电容小很多。

2）去耦电容的引线不能太长，尤其是高频旁路电容不能带引线。

3）每个集成电路芯片都应布置一个 $0.01\mu F$ 的陶瓷电容。如果印制电路板的空间不够，可以每 $4 \sim 8$ 个芯片布置一个 $1 \sim 10\mu F$ 的钽电解电容。

4）对于抗噪声能力弱、关断时电源变化大的器件，如 RAM、ROM 等存储器件，应在电源线和接地线之间接入高频去耦电容。

5）电容之间不要共用过孔，可以考虑打多个过孔接电源/地。另外，电容的过孔要尽量靠近焊盘。

7.5 印制电路板的其他设计原则

7.5.1 印制电路板的抗振设计原则

振动是一种现象，是指物理系统中某一个物理量的值不断地经过极大值和极小值变化的现象。它也广泛存在于印制电路板的设计中。为避免振动对印制电路板的电路或系统造成损害，在设计印制电路板的过程中需要对振动进行充分考虑。

根据振动的不同性质，可将振动分为确定性振动和随机性振动两种类型。其中，确定性振动指振动现象能够采用精确的数学关系式来进行描述，可见这种振动现象具有一定的重复性，因此可以预测它在未来时刻的精确值。随机性振动与确定性振动是完全不同的，它不能采用精确的数学关系式来进行描述，因此一般不能确定它在未来时刻的精确值，但是通常可以用概率或数理统计的方法来分析它的具体影响。

在具体设计印制电路板时，应该遵循一定的抗振设计原则，尽量减小振动现象的影响。其抗振设计原则如下：

1）印制电路板设计的前期阶段就要充分进行预防振动现象的设计，提高电路和结构的抗振性能。

2）印制电路板的振动控制应该从降低振源强度、隔振和减振 3 个方面进行，这样能够比较有条理地来减少振动的影响。

3）在设计印制电路板时，应尽量将对振动敏感的元器件、集成电路芯片或接插件安装在受振动影响较小的区域。

4）一定要牢固安装印制电路板上的接插件，以避免振动现象引起接插件的松动而对电路性能造成不可预测的影响。

5）要尽量采用表面安装技术（SMT）封装印制电路板上的集成电路芯片，这样可以降低相应的安装高度，安装高度要控制在 $7 \sim 9 \mathrm{mm}$ 之内。

6）要尽量缩短印制电路板上离散元器件引线的长度，注意贴面焊接，同时采用环氧树脂胶或聚氨酯胶将其点封在印制电路板上。

7）为减少振动的影响，可以通过改变印制电路板的尺寸大小、元器件或集成电路芯片的安装形式和布局等来改善板上的振动环境。

7.5.2 印制电路板的热设计原则

印制电路板上的集成电路芯片、元器件和开关等都有自己的温度范围，一旦超过相应的温度范围，就会出现工作不正常，从而影响整个印制电路板的工作状态和性能。可以通过两种方法来解决这个问题：一是尽量控制印制电路板上的功率消耗，使板上的集成电路芯片、元器件和开关等工作在自己的温度范围内；二是采用相应的热设计方法来对印制电路板进行散热处理。以下是印制电路板的热设计方法：

1）对可能存在散热问题的集成电路芯片和元器件等，应该尽量保留足够的放置改善方案的空间，目的是为了放置金属散热片和风扇等。

2）对能产生高热量的集成电路芯片和元器件等，应考虑将它们放置于出风口或利于对流的位置。

3）对于发热量大的集成电路芯片，尽量将它们放置在主机板上，避免底壳过热。如果将它们放置在主机板下，那么需要在芯片与底壳之间保留一定的空间，这样可以充分利用气体流动散热或放置改善方案的空间。

4）温度敏感的元器件应该尽量远离热源。对于温度高于30°C的热源，一般要求为：在风冷条件下，电解电容等温度敏感元器件离开热源的距离要求不小于2.5mm；在自然冷条件下，电解电容等温度敏感元器件离开热源的距离要求不小于4mm。如果印制电路板上因为空间的原因不能达到要求的距离，那么设计人员应该通过温度测试来保证温度敏感元器件的温度变化在使用范围之内。

5）风扇不同大小的进风口和出风口将会引起气流阻力的巨大变化，一般来说，风扇的进风口和出风口越大越好。

6）对散热通风设计中的大开孔，可采用大的长条孔代替小圆孔或网格，降低通风阻力和噪声。

7）在进行印制电路板的布局过程中，各个集成电路芯片之间、元器件之间或元器件与芯片之间应该尽可能地保留空间，目的是利于通风和散热。

8）对印制电路板中的较高元器件，应该考虑将它们放置在出风口，但是一定要注意不要阻挡风路。

9）为了保证印制电路板中的透锡良好，对大面积铜箔上的元器件焊盘，要求采用隔热带与焊盘相连。而对需要通过5A以上大电流的焊盘，不能采用隔热焊盘。

10）对印制电路板中热量较大的集成电路芯片、元器件和散热元件等，应该尽量将它们靠近印制电路板的边缘，以降低热阻。

11）在规则容许的情况下，风扇等散热部件与需要进行散热的元器件之间的接触压力应该尽可能大，同时确认两个接触面之间完全接触。

12）对于采用热管的散热解决方案，应该尽量加大和热管接触的面积，有利于发热元器件或集成电路芯片等的热传导。

13）空气的紊流一般会产生对电路性能有重要影响的高频噪声，因此应该尽量避免空间紊流的产生。

7.5.3 印制电路板的可测试性设计原则

可测试性是指测试人员可以用尽可能简单的方法来检测某个部件是否正常工作的特性。印制电路板的可测试性设计原则如下：

1）印制电路板上应该具有两个或者两个以上的定位孔，便于测试过程中的印制电路板定位。

2）印制电路板上定位孔的尺寸要求直径在3~5mm之间，在板上定位孔的位置一般应是不对称的。

3）印制电路板上测试点的位置应该在相应的焊接面上，这样可以方便测试工作的进行，且不影响电路的性能。

4）对数字印制电路板，一般要求对每5个集成电路芯片提供一个接地线测试点，以便可以很好地监测相应电路的工作状态。

5）对印制电路板上电源和地的测试点，要求每根测试针最大可以承受 2A 的电流。每增加 2A 电流，就需要对电源和地多提供一个测试点。

6）对印制电路板上的表面贴装元器件，不能将它们的焊盘作为相应的测试点，这一点一定要引起注意。

7）对印制电路板上的元器件、集成电路芯片或接插件，需要进行测试的引脚间距应是 2.54mm 的倍数。

8）印制电路板上测试点的形状和大小应该符合规范，一般建议选择方形焊盘或圆形焊盘，焊盘尺寸不小于 1mm×1mm。

9）印制电路板上的测试点不能被其他焊盘或胶等覆盖，这样可以保证测试探针的接触可靠性。

10）应该对印制电路板上的测试点进行锁定，以避免修改过程中测试点的移动现象；另外，测试点应该具有一定的标注，目的是提供一定的指示作用。

11）印制电路板上测试的间距应大于 2.54mm，测试点与焊接面上元器件的间距应大于 2.54mm。

12）印制电路板上焊接面的元器件高度一般不能超过 3.81mm，如果超过这个数，那么设计人员需要进行特殊处理。

13）印制电路板上测试点到定位孔的距离应大于 0.5mm，测试点到印制电路板边缘的距离应大于 3.175mm。

14）印制电路板上低压测试点和高压测试点之间的间距应该符合安全规范要求，以避免危险现象的发生。

15）根据具体的测试要求，为了便于测试，设计人员有时需要将测试点引到接插件或连接电缆上来进行测试。

目前，电子产品设计越来越集中发展两个方向，芯片设计和高性能设计。而高性能设计的主题是：千兆速度的解决方案。当元件工作在高频时，信号跳变沿速度加快，RF 频谱分散加重。这时，信号完整性 CAD 工具（高频模型的 EMC 仿真软件）可以帮助设计工程师确定跳变沿速率、走线长度、电路元件的寄生电容和电感的影响。在布线和电路仿真中首要考虑的是源端和负载的特性、导体阻抗、印制电路板材料的物理和电气参数以及大量的其他参数。引起信号功能问题或逻辑信号出错的潜在噪声源可能是反射和衰减振荡、地电位波动、串扰、参考精确度、热偏置、地偏置、电压的变化、走线 IR 压降、公共地 IR 压降等。传输线的影响如反射、欠冲、过冲、串扰都会造成被传输信号的失真。

现在商业的电子设计自动化（EDA）电磁兼容仿真软件给我们提供了一个非常有效的高频和高速电磁仿真设计工具，它集高速电路建模、仿真和优化为一体，用仿真代替实验，可以快速地帮助工程师完成高速电路 EMC 设计，实现信号完整性，减少研发费用，缩短研发周期。

第 **8** 章
电磁兼容仿真设计

8.1 EMC 仿真软件的理论基础

EMC 仿真软件是电子设计自动化（EDA）软件，主要基于强大的物理和数学理论基础，并结合了实际设计和测量经验，研究了各种元件和材料的工作特性而形成的。麦克斯韦方程组揭示了电场和磁场之间的关系，描述了电荷、电流、磁场以及电场之间的相互作用、物质之间的本质联系，由安培定律、法拉第定律以及高斯定律推导而出，共有四个方程：

第一方程：电通量定律

$$\nabla \cdot \boldsymbol{D} = \rho_0$$

第二方程：磁通量定律

$$\nabla \cdot \boldsymbol{B} = 0$$

第三方程：电势差定律

$$\nabla \times \boldsymbol{E} = -\frac{\partial \boldsymbol{B}}{\partial t}$$

第四方程：电流定律

$$\nabla \times \boldsymbol{H} = \boldsymbol{j} + \frac{\partial \boldsymbol{D}}{\partial t}$$

由上可见，进行电磁分析，需要进行复杂的微积分知识，这对大多数设计工作者都是比较困难的问题。EDA 电磁分析软件帮助设计者解决了这一问题，只需要输入设计参数，建立模型，就可以自动进行电磁分析和优化。

同时，EDA 软件收集了多种元件和材料特性，并建立了程序库。设计时，用户只需从程序库中调出相应的元件模型，就可以顺利地进行设计和仿真分析。而且，它还允许用户自定义元件参数和特性，建立自己的程序库，方便用户的设计工作。

8.2 目前流行的 EMC 仿真软件

国际上，目前商业的 EDA 电磁兼容仿真软件有许多种，主要应用于高速 PCB 电路设计、各种类型的高频滤波器设计、高频天线和波导设计、低温共烧陶瓷（LTCC）设计、传输线设计（包括微带线、带状线和同轴电缆等）、信号完整性设计和电磁分析等。大多数 EDA 软件采用模块化设计，不同的模块实现不同的功能，用户可以根据需要选择模块自己进行软件配置。

表 8-1 为四种典型的 EMC 仿真设计软件。

表 8-1　四种典型的 EMC 仿真设计软件

软件名称	软件结构	特点	分析方法	运行环境
SimLab EMC Simulation Software	该软件由德国 Simlab 软件公司设计，主要包括 PCBMod、CableMod、RaidaSim 软件产品	PCBMod 是模拟 EMC/EMI、信号完整性的强大工具，可进行 2D 和 3D 模拟，可以从主要的 EDA 数据库引入 PCB 设计数据	采用时域和频域分析方法，测量节点上的电压分配、元件的电流分布、散射参数、阻抗曲线、辐射等	UNIX、X-Window/Motif, Windows NT 和 Windows 2000
		CableMod 是系统互联的分析工具，可用于建模和复杂电缆结构的模拟，可进行 2D 模拟	采用时域和频域分析方法，测量节点上的电压分配、元件的电流分布、散射参数、阻抗曲线、辐射等	
		RaidaSim 是 PCB、线束及设备的辐射计算工具，可进行 2D 和 3D 模拟	引入电流密度分布，计算近场和远场、2D 和 3D 图形结果等	
FLO/EMC Design Class Electromagnetic Analysis Software for Electronics	该软件由 Flomerics Ltd 设计，可单独和综合进行元件、模块、系统、天线的 EMC 设计和分析	可快速地进行模拟配置、电路和电线建模、狭缝建模、自动生成网孔、电路建模以及屏蔽效能分析等	采用时域传输线矩阵分析方法，电磁场和电流的 2D 和 3D 可视化模拟，机壳的屏蔽效能分析等	PC：Windows NT、Windows 2000、Windows XP SUN、Solaris7/8/9HP；HP-UX11i
SONNET High Frequency Electromagnetic Software	该软件由 SONNET Software Inc 设计，包括 Professional、Gold、Silver、sasic、LitePlus、Lite 7 个模块	Projector Editor：建立电路几何图形和结构	时域分析改进法，频域分析法等	PC：Windows；SUN 和 HP-UX 仅适用于 Professional 用户
		Analysis Engine：3D 电流分析，计算 S、Y、Z 参数以及参数优化		
		Analysis Monitor：监视分析状态，建立批处理文件		
		Response Viewer：图形模拟工具		
		Current Density Viewer：电流密度模拟工具		
		DXF Translator：双向的 DXF 文件转换工具，如 AutoCAD		
		Farviewer：产生和显示辐射模型的程序		

（续）

软件名称	软件结构	特点	分析方法	运行环境
Ansoft High-Frequency and High-Speed Designers	该软件由 Ansoft Corporation 公司设计，主要有高频设计、信号完整性设计和电磁设计的软件产品	高频设计产品： 1）HFSS，3D 电磁场有限元高频设计工具 2）DESIGNER，进行 RF、高速和通讯设计工具 3）NXXIM，RF/混合信号 IC 和高性能信号完整性设计工具，由 Ansoft Designer、HFSS 和 Q3D Extra ctor 组成 信号完整性设计产品： 1）3D EXTRACTOR，多层板、集成电路包和 3D 设计工具 2）siwave，采用全波模拟技术进行功率和信号完整性分析 3）TPA，高速 IC 的快速模拟分析工具 电磁设计和分析工具： 1）Maxwell 2D 和 3D，采用 2D 和 3D 方式进行电磁和热量分析工具 2）SIMPLORER，系统建模工具 3）PEXPRT，磁性元件设计工具 4）RMXPRT，电子结构旋转后的性能评估工具 插件：Ansoftlinks、ePhysics、Fullwave、Spice、Optimetrics、PartICs、WinIQSIM	时域和频域分析及二者组合分析方法，3D 模拟法	Windows 2000、Windows XP

使用 EMC 仿真软件进行电路设计的程序流程如图 8-1 所示。

EDA 技术是在电子 CAD 技术基础上发展起来的计算机软件系统，是指以计算机为工作平台，融合了应用电子技术、计算机技术、信息处理及智能化技术的最新成果，进行电子产品的自动设计。

利用 EDA 工具，电子设计师可以从概念、算法、协议等开始设计电子系统，大量工作可以通过计算机完成，并可以将电子产品从电路设计、性能分析到设计出 IC 版图或 PCB 版图的整个过程在计算机上自动处理完成。

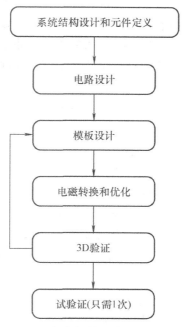

图 8-1　EMC 仿真软件电路设计的程序流程

现在对 EDA 的概念用得很宽,机械、电子、通信、航空航天、化工、矿产、生物、医学、军事等各个领域,都有 EDA 的应用。目前 EDA 技术已在各大公司、企事业单位和科研教学部门广泛使用。例如在飞机制造过程中,从设计、性能测试及特性分析直到飞行模拟,都可能涉及 EDA 技术。本书所指的 EDA 技术,主要针对电子电路设计、PCB 设计和 IC 设计。EDA 设计可分为系统级、电路级和物理实现级。

8.3　EDA 常用软件

EDA 工具层出不穷,目前进入我国并具有广泛影响的 EDA 软件有:EWB、PSPICE、OrCAD、PCAD、Protel、ViewLogic、Mentor Graphics、Synopsys、LSIlogic、Cadence、MicroSim 等。这些工具都有较强的功能,一般可用于几个方面,例如很多软件都可以进行电路设计与仿真,同时可以进行 PCB 自动布局、布线,可输出多种网表文件,与第三方软件接口。按主要功能或主要应用场合将这些软件分为电路设计与仿真工具、PCB 设计软件、IC 设计软件、PLD 设计工具及其他 EDA 软件,下面进行简单介绍。

8.3.1　电子电路设计与仿真工具

电子电路设计与仿真工具包括 SPICE/PSPICE、EWB、MATLAB、SystemView、MMICAD 等。下面简单介绍前三个软件。

（1）SPICE（simulation program with integrated circuit emphasis）

SPICE 是由美国加利福尼亚大学推出的电路分析仿真软件,是 20 世纪 80 年代世界上应用最广的电路设计软件，1998 年被定为美国国家标准。1984 年，美国 MicroSim 公司推出了基于 SPICE 的微机版 PSPICE（personal – SPICE）。现在用得较多的是 PSPICE 6.2，可以说在同类产品中，它是功能最为强大的模拟和数字电路混合仿真 EDA 软件，在国内普遍使用。PSPICE 9.1 版本可以进行各种各样的电路仿真、激励建立、温度与噪声分析、模拟控制、波形输出、数据输出、并在同一窗口内同时显示模拟与数字的仿真结果，无论对哪种器件、哪些电路进行仿真，都可以得到精确的仿真结果，并可以自行建立元器件及元器件库。

（2）EWB（electronic workbench）软件

EWB 是 interactive Image Technologies Ltd 在 20 世纪 90 年代初推出的电路仿真软件。目前普遍使用的是 EWB 5.2，相对于其他 EDA 软件，它是较小巧的软件（大小只有 16M）。但它对模/数电路的混合仿真功能却十分强大，几乎 100% 地仿真出真实电路的结果，并且它在桌面上提供了万用表、示波器、信号发生器、扫频仪、逻辑分析仪、逻辑转换器和电压表、电流表等仪器仪表。它的界面直观，易学易用。它的很多功能模仿了 SPICE 的设计，但分析功能比 PSPICE 稍少一些。

（3）MATLAB 产品族

MATLAB 的一大特性是有众多的面向具体应用的工具箱和仿真块，包含了完整的函数集，用来对图像信号处理、控制系统设计、神经网络等特殊应用进行分析和设计。它具有数据采集、报告生成、MATLAB 语言编程和产生独立 C/C ++ 代码等功能。MATLAB 产品族具有下列功能：数据分析，数值和符号计算，工程与科学绘图，控制系统设计，数字图像信号处理，财务工程，建模、仿真、原型开发，应用开发和图形用户界面设计等。MATLAB 产品族被广泛地应用于信号与图像处理、控制系统设计、通信系统仿真等诸多领域。开放式的结构使 MATLAB 产品族很容易针对特定的需求进行扩充，从而在不断深化对问题的认识同时，提高自身的竞争力。

8.3.2　PCB 设计软件

PCB 设计软件种类很多，如 Protel、OrCAD、ViewLogic、PowerPCB、Cadence PSD、Mentor Graphics 的 Expedition PCB、Zuken CADSTART、Winboard/Windraft/Ivex – SPICE、PCB Studio、TANGO 等。目前在我国应用最多的是 Protel，下面仅对此软件进行介绍。

Protel 是 PROTEL 公司在 20 世纪 80 年代末推出的 CAD 工具，是 PCB 设计者的首选软件。它较早在国内使用，普及率最高，有些高校的电路专业还专门开设 Protel 课程，几乎所有的电路公司都要用到它。早期的 Protel 主要作为印制电路板自动布线工具使用，现在普遍使用的是 Protel99SE，它是一个完整的全方位电路设计系统，包含电路原理图绘制、模拟电路与数字电路混合信号仿真、多层印制电路板设计（包含印制电路板自动布局、布线），可编程逻辑器件设计、图表生成、电路表格生成、支持宏操作等功能，并具有 Client/Server（客户/服务器体系结构，同时还兼容一些其他设计软件的文件格式，如 OrCAD、PSPICE、Excel 等。使用多层印制电路板的自动布线，可实现高密度 PCB 的 100% 布通率。Protel 软件功能强大、界面友好、使用方便，但它最具代表性的是电路设计和 PCB 设计。

8.3.3　IC 设计软件

IC 设计工具很多，其中市场所占份额排行靠前的公司为 Cadence、Mentor Graphics 和 Synopsys。这三家都是 ASIC 设计领域相当有名的软件供应商。其他公司的软件相对来说使用者较少。中国华大公司也提供 ASIC 设计软件（熊猫 2000），另外近年来出名的 Avanti 公司，是原来在 Cadence 公司的几个华人工程师创立的，他们的设计工具可以全面和 Cadence 公司的工具抗衡，非常适用于深亚微米的 IC 设计。下面按用途对 IC 设计软件做一些介绍。

（1）设计输入工具

这是任何一种 EDA 软件必须具备的基本功能。像 Cadence 公司的 Composer，Viewlogic 公司的 Viewdraw，硬件描述语言 VHDL、Verilog HDL 是主要设计语言，许多设计输入工具都支持 HDL。另外，像 Active - HDL 和其他的设计输入方法，包括原理和状态机输入方法，设计 FPGA/CPLD 的工具大都可作为 IC 设计的输入手段，如 Xilinx、Altera 等公司提供的开发工具和 Modelsim FPGA 等。

（2）设计仿真工具

使用 EDA 工具的一个最大好处是可以验证设计是否正确，几乎每个公司的 EDA 产品都有仿真工具。Verilog - XL、NC - verilog 用于 Verilog 仿真，Leapfrog 用于 VHDL 仿真，Analog Artist 用于模拟电路仿真。Viewlogic 的仿真器有 Viewsim 门级电路仿真器、Speedwave VHDL 仿真器、VCS - verilog 仿真器。Mentor Graphics 其子公司 Model Tech 出品的 VHDL 和 Verilog 双仿真器 ModelSim。Cadence、Synopsys 用的是 VSS（VHDL 仿真器）。现在的趋势是各大 EDA 公司都逐渐用 HDL 仿真器作为电路验证的工具。

（3）综合工具

综合工具可以把 HDL 变成门级网表。这方面 Synopsys 公司的工具占有较大的优势，它的 Design Compile 是进行综合的工业标准，它还有另外一个产品叫 Behavior Compiler，可以提供更高级的综合。另外美国还出了一家软件公司叫作 Ambit，比 Synopsys 公司的软件更有效，可以综合 50 万门的电路，速度更快。但 Ambit 已经被 Cadence 公司收购，为此 Cadence 放弃了原来的综合软件 Synergy。随着 FPGA 设计的规模越来越大，各 EDA 公司又开发了用于 FPGA 设计的综合软件，比较有名的有 Synopsys 公司的 FPGA Express、Cadence 公司的 Synplity、Mentor 公司的 Leonardo，这三家的 FPGA 综合软件占了市场的绝大部分。

（4）布局和布线

在 IC 设计的布局、布线工具中，Cadence 公司的软件是比较强的，它有很多产品用于标准单元、门阵列，已实现交互布线。其中最有名的是 Cadence spectra，它原来是用于 PCB 布线的，后来 Cadence 公司把它用作 IC 的布线。其主要工具有：Cell3，Silicon Ensemble——标准单元布线器，Gate Ensemble——门阵列布线器，Design Planner——布局工具。其他各 EDA 软件开发公司也提供各自的布局和布线工具。

（5）物理验证工具

物理验证工具包括版图设计工具、版图验证工具、版图提取工具等。这方面 Cadence 公司也是很强的，其 Dracula、Virtuoso、Vampire 等物理工具有很多的使用者。

（6）模拟电路仿真器

前面讲的仿真器主要是针对数字电路的，对于模拟电路的仿真工具，普遍使用 SPICE，这是唯一的选择，只不过是选择不同公司的 SPICE，像 MiceoSim 公司的 PSPICE、Meta Soft 公司的 HSPICE 等。HSPICE 现在被 Avanti 公司收购了。在众多的 SPICE 中，最好、最准确的当数 HSPICE。它作为 IC 设计，模型最多，仿真的精度也最高。

8.3.4　PLD 设计工具

PLD 是一种由用户根据需要而自行构造逻辑功能的数字集成电路，目前主要有两大类型：CPLD（complex PLD）和 FPGA（field programmable gate array）。它们的基本设计方法是借助于 EDA 软件，用原理图、状态机、布尔表达式、硬件描述语言等方法，生成相应的目标文件，最后用编程器或下载电缆，由目标器件实现。生产 PLD 的厂家很多，但最有代表性的 PLD 厂家为 Altera、Xilinx 和 Lattice 公司。

PLD 的开发工具一般由器件生产厂家提供，但随着器件规模的不断增加，软件的复杂性也随之提高，目前由专门的软件公司与器件生产厂家合作，推出功能强大的设计软件。

8.3.5　主要器件生产厂家和开发工具

（1）Altera

Altera 公司在 20 世纪 90 年代以后发展很快，主要产品有 MAX3000/7000、FELX6K/10K、APEX20K、ACEX1K、Stratix 等。其开发工具 MAX + plus Ⅱ 是较成功的 PLD 开发平台，最新又推出了 Quartus Ⅱ 开发软件。Altera 公司提供较多形式的设计输入手段，绑定第三方 VHDL 综合工具，如综合软件 FPGA Express、Leonard Spectrum、仿真软件 ModelSim。

（2）Xilinx

Xilinx 公司是 FPGA 的发明者，其产品种类较全，主要有 XC9500/4000、Coolrunner（XPLA3）、Spartan、Vertex 等系列，其最大的 Vertex‐Ⅱ Pro 器件已达到 800 万门。其开发软件有 Foundation 和 ISE。通常来说，在欧洲用 Xilinx 公司产品的人多，在日本和亚太地区用 Altera 公司产品的人多，在美国则是平分秋色。全球 PLD/FPGA 产品 60% 以上是由 Altera 和 Xilinx 公司提供的，可以说 Altera 和 Xilinx 公司共同决定了 PLD 技术的发展方向。

（3）Lattice‐Vantis

Lattice 公司是 ISP（in-system programmability）技术的发明者，ISP 技术极大地促进了 PLD 产品的发展。与 Altera 和 Xilinx 公司相比，其开发工具略逊一筹，中小规模 PLD 比较有特色，大规模 PLD 的竞争力还不够强（Lattice 没有基于查找表技术的大规模 FPGA）。1999 年它推出可编程模拟器件，1999 年收购 Vantis 公司（原 AMD 子公司），成为第三大可编程逻辑器件供应商。2001 年 12 月收购 Agere 公司（原 Lucent 微电子部）的 FPGA 部门。它的主要产品有 ispLSI2000/5000/8000，MACH4/5。

（4）Actel

Actel 公司是反熔丝（一次性烧写）PLD 的领导者，由于反熔丝 PLD 抗辐射、耐高低温、功耗低、速度快，所以在军品和宇航级上有较大优势。Altera 和 Xilinx 公司则一般不涉足军品和宇航级市场。

（5）Quicklogic

Quicklogic 是专业 PLD/FPGA 公司，以一次性反熔丝工艺为主，在中国地区销售量不大。

（6） Lucent

Lucent 公司的主要特点是有不少用于通信领域的专用 IP 核，但 PLD/FPGA 不是 Lucent 公司的主要业务，在中国地区使用的人很少。

（7） Atmei

Atmei 公司中小规模 PLD 做得不错，也做了一些与 Altera 和 Xilinx 公司产品兼容的芯片，但在品质上与原厂家还有一些差距，在高可靠性产品中使用较少，多用在低端产品上。

（8） Clear Logic

生产与一些著名 PLD/FPGA 大公司兼容的芯片，这种芯片可将用户的设计一次性固化，不可编程，批量生产时的成本较低。

（9） WSI

WSI 生产 PSD（单片机可编程外围芯片）产品。PSD 是一种特殊的 PLD，如最新的 PSD8xx、PSD9xx 集成了 PLD、EPROM、Flash，并支持 ISP（在线编程），集成度高，主要用于配合单片机工作。

PLD 是一种可以完全替代 74 系列及 GAL、PLA 的新型电路，只要有数字电路基础并且会使用计算机，就可以进行 PLD 的开发。PLD 的在线编程能力和强大的开发软件，使工程师可以在几天甚至几分钟内就可完成以往几周才能完成的工作，并可将数百万门的复杂设计集成在一颗芯片内。PLD 技术在发达国家已成为电子工程师必备的技术。

8.3.6　其他 EDA 软件

（1） VHDL

VHDL（超高速集成电路硬件描述语言）VHSIC（hardware description language，VHDL）是 IEEE 的一项标准设计语言。它源于美国国防部提出的超高速集成电路（very high speed integrated circuit，VHSIC）计划，是 ASIC 设计和 PLD 设计的一种主要输入工具。

（2） Verilog HDL

这是 Verilog 公司推出的硬件描述语言，在 ASIC 设计方面与 VHDL 平分秋色。

（3） 其他 EDA 软件

其他 EDA 软件如专门用于微波电路设计和电力载波工具、PCB 制作和工艺流程控制等领域的工具，在此就不进行介绍了。

8.4　电磁兼容仿真实例

8.4.1　高铁动车组电磁兼容仿真技术

高速动车组是集网络通信、高压、变频、计算机控制技术于一体的系统设备，内含多种电缆线束和电子设备，不仅含有大功率辐射信号源，也存在高灵敏度通信设备和传感器。在强弱电信号相互交织的空间内，高速动车组电磁兼容要求更高，有针对性地开展技术分析至关重要。

1. 高速动车组电磁环境

高速动车组内部布局非常紧密，尤其是电缆敷设密度较高，而大部分设备的电磁兼容问题都是电缆故障引发的。车载电缆具有高效的电磁波接收及辐射天线，不仅为有效传导形成了良好条件，也混入了干扰传导。在高速动车组运营过程中，传感器大部分时间都在采集信号，形成了电磁干扰污染。据京广线 2012 年统计数据，发生的 115 次故障大部分是由传感器传输信号电磁干扰引起的。此外，高速动车组在电气化的铁路线路上运行，也导致其电磁环境非常复杂。电磁环境干扰包含内部干扰和外部干扰两部分。内部干扰包含设备内部的元器件发热、大功率和高电压部件产生的磁场、电场耦合对其余部件产生的影响等；外部干扰包含高压接触网、移动电话、手提计算机、空间电磁波、牵引电路、自然雷电和沙暴等。高速动车组电磁环境同时也会对外部环境产生干扰，例如电磁波对带有心脏起搏器的人产生的影响，以及对无线电通信造成的影响等。

2. 高速动车组电磁兼容技术仿真分析

仿真选择基于 CRH 研发的 CRH3G 动车组，时速达到 250km。作为新的系统，必须做好电磁兼容设计，确保各个部件满足最理想的布局要求。

（1）仿真模型

按照 CRH 动车组的传感器信号线布线方式、高压输电线布线方式，建立车底高压电缆同转向架传感器线缆之间的相对位置，如图 8-2 所示。两根电缆距地面的距离分别为 h_1、h_2，车底高压输电线半径和传感器信号线半径分别为 r_1、r_2。此外，车底高压输电线屏蔽层半径和传感器信号线屏蔽层半径分别为 r_{1p}、r_{2p}，两导线的中心间距为 d，信号线和输电线绝缘层的厚度分别为 l_1、l_2。在仿真系统中代入工程应用参数，即可开展仿真分析。

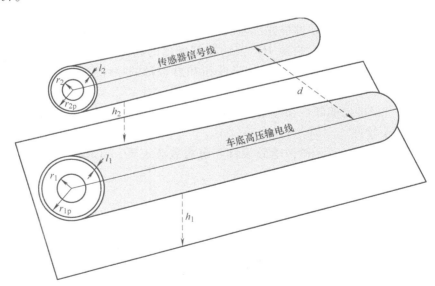

图 8-2　车底高压电缆及转向架传感器线缆之间的相对位置

（2）仿真分析

1）传感器信号线上的串扰电压。设高压输电线上的干扰电压幅度为 25kV，随着电源工作频率的变化，受到干扰的传感器信号线上的电压曲线如图 8-3 所示。由图可以看出，信号线在 41MHz 频率附近出现最大的干扰电压，其幅值为 925V；在 10MHz、20MHz 及 30MHz 等位置也会有较大的干扰电压出现。

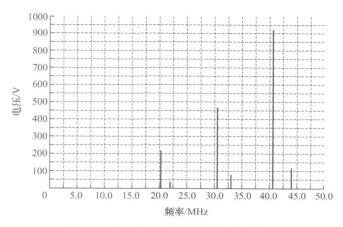

图 8-3　传感器信号线上的干扰电压仿真

2）频率对串扰耦合系数的影响。图 8-4 为传感器信号线的屏蔽层双端接地时的串扰耦合系数。由图可以看出，如果频率低于 10MHz，串扰耦合系数最小为 – 190dB，最大为 – 95dB，对应的串扰感应电压最小值为 7.9μV，最大值为 0.445V。处于 50Hz 的市电时，串扰耦合系数为 – 168dB，对应的串扰感应电压为 99.5μV。图 8-3 和图 8-4 的分析表明高压输电线的干扰主要发生于 10MHz 以上。

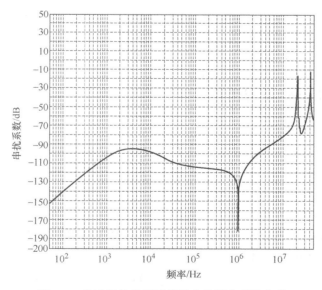

图 8-4　传感器信号线屏蔽层串扰耦合系数仿真

3）信号线长度对串扰耦合系数的影响。图 8-5 所示为针对传感器信号线不同长度对应的线间串扰耦合系数进行的仿真结果。由图可以看出，串扰耦合系数总体上随着传感器信号线长度的增加而增大。据相关文献指出，导线间部分参数的增大也会导致串扰电压增大。所以，并行信号线长度应尽量减小，实现串扰的合理控制。

通过上述仿真计算分析可知，对于 CRH3G 型动车组的车底布线而言，在电源工作频率为 50Hz 时，25kV 的高压输电线不会对速度传感器、温度传感器等的信号线产生影响。但

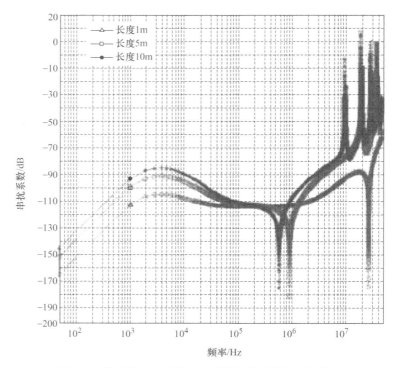

图 8-5　信号线长度不同时电缆间的串扰耦合系数仿真

是，若高压传输线中存在频率为 1MHz 以上的瞬态干扰信号时，则有可能对这些传感器信号线造成较为严重的影响。

8.4.2　弹上线束电磁兼容仿真技术

1. 弹上线束电磁环境

弹上线束在导弹的电磁兼容问题中占有重要地位。作为高科技军事装备的精确制导导弹，其弹上多种类型的电气设备、电子器件集合在狭小的空间内，通过输配电线路与电气系统连接在一起，信号有强有弱，电压、电流有高有低，空间密度远远高于其他飞行器。由此可见，弹上线束非常复杂，而线束既是效率很高的电磁波接收天线，又是效率很高的电磁波辐射天线，所以线束是导致设备或系统不能满足有关电磁干扰限值要求的主要因素。

2. 导弹电磁兼容技术仿真分析

建立适合的仿真模型，分析导弹内线束之间的串扰，研究线束产生的辐射，并考虑弹体结构对导弹内外场强分布的影响。

（1）仿真模型　建立弹体结构模型如图 8-6 所示，并对导弹弹体进行简化，对弹上电子设备的几何数据可以忽略，只考虑其大概位置，用于标记之后的电气线路敷设时端口的方位，这样既体现了导弹的基本特征，又能在满足研究需要的前提下减少计算量，提高计算机的计算规模和速度。只要简化合理，得到的计算结果不影响对真实结果的判断。

（2）仿真分析

1）弹上线束间的串扰。根据导弹电气接线图，建立弹上各部件之间互联电缆束网络模

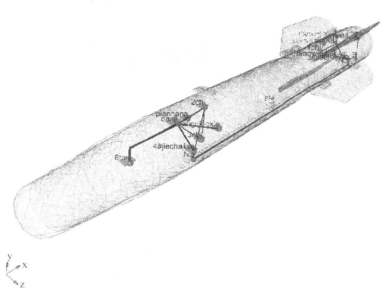

图 8-6　导弹结构及电气模型

型。由于大量导线同时存在于一条线缆束中，相互之间串扰耦合十分严重，此时控制舱线束在加上激励源后会对控制舱本身线束及仪器舱的线束产生耦合。

从图 8-7 中可以看出，电源线与回线双绞时，其线上受串扰幅度量值不大，说明虽然受到其他导线上信号的影响，但效果甚微，信号传输的完整性较好。比较图 8-8a 和 b，很容易看出电源线与回线平行或双绞受到串扰耦合的不同。双绞线抵御了一部分外界电磁波干扰，更主要的是降低了自身信号的对外干扰。

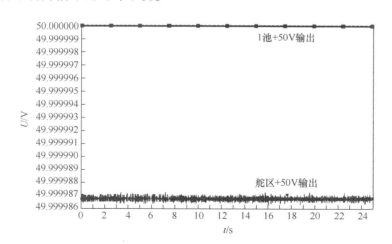

图 8-7　+50V 直流电压输出端及舵区输出端波形

2）弹上线束辐射。由于线束是效率很高的电磁波辐射天线，当传输信号频率超过 30MHz 时就会产生明显的辐射，从而干扰周围环境中电子设备的正常工作。仿真中最长线束长度约为 2000mm，距离导弹壳体距离最近约为 2mm。根据实际情况，不同的始端采用不同的电压源激励，共有 6 种电压源，终端设置为终端开路和终端接电阻两种情况。图 8-9 为

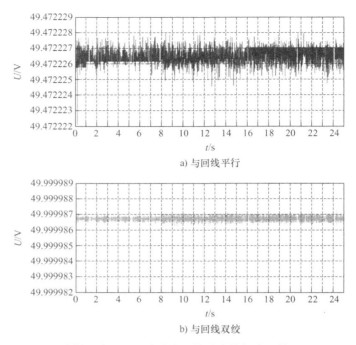

a) 与回线平行

b) 与回线双绞

图 8-8 +50V 直流电压线受串扰耦合比较

弹体局部结构图及 40MHz 时电缆束辐射产生电场强度在三维空间的分布图，图 8-10 为弹壁电缆罩是 U 型罩（有缝隙）或套管（无缝隙）两种情况下，距离导弹侧面 1m 处电磁辐射强度随频率变化的曲线。

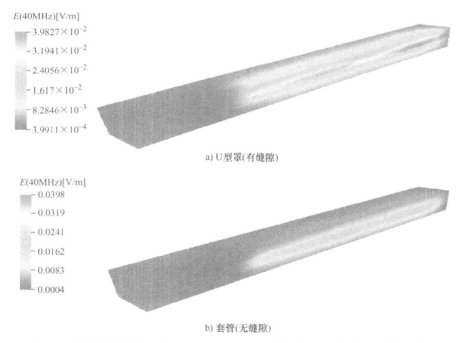

a) U型罩(有缝隙)

b) 套管(无缝隙)

图 8-9 弹体局部结构图及 40MHz 时电缆束电场强度分布图 （面向导弹底部）

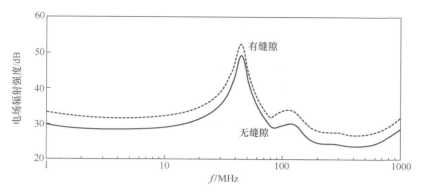

图 8-10　距离导弹侧面 1m 处电磁辐射强度比较

从图 8-9 中可以看出，弹体结构的改动对导弹电场强度分布的影响很明显。如图 8-9a 所示，在 40MHz 时，使用 U 型电缆罩，即电缆罩与壳体之间有缝隙（2mm），并由于开孔的影响，其电场辐射分布范围很大，整个导弹下方包括侧面都有电场辐射，而且强度很高；当使用弹壁电缆套管时，其电场辐射分布范围较小，只在导弹下方，且强度不高，如图 8-9b 所示。另外，从图 8-10 中也能明显看出两种情况的不同，较之 U 型罩，套管的使用使电磁辐射强度平均下降了 4dB 左右，在 40MHz 左右时辐射强度最大。

因此，弹壁电缆罩能否与导弹壳体之间无缝隙非常重要。所以，在做电磁兼容测试时，必须做好孔缝的处理，避免导弹内部辐射源通过孔缝向外部辐射能量，导致 EMC 测试结果无法达标。用弹壁电缆套管取代 U 型电缆罩，既有利于气动外形，又可以防止电磁辐射，可顺利通过 EMC 测试。

通过上述仿真分析可知，复杂线缆束中导线的串扰问题可以通过将电源线与信号线分开敷设，且双绞屏蔽后得到改善。电缆束模型的改动情况对线束间串扰的影响可以在仿真结果上体现出来，这是 EMC 仿真应用最重要的一点。弹体结构的改动情况对导弹内外场强分布也产生了很大的影响。对比 U 型电缆罩，弹壁电缆套管的使用，避免了缝隙的产生，降低了导弹向外的电磁辐射，防止电磁泄漏，节约了在 EMC 测试问题上所花费的时间和成本。

随着科技的发展，越来越多的电子和电气设备走进人们的生活中，而设备工作时，会产生电磁能量，可能影响周围设备的工作，因此，进行电磁兼容的分析和仿真有很重要的意义和价值。

参 考 文 献

[1] OTT H W. 电磁兼容工程 [M]. 邹澎，等译. 北京：清华大学出版社，2013.

[2] WESTON D A. 电磁兼容原理与应用：原书第 2 版 [M]. 杨自佑，王守三，译. 北京：机械工业出版社，2015.

[3] 白同云. 电磁兼容设计 [M]. 2 版. 北京：北京邮电大学出版社，2011.